Elemente

der

ebenen

Trigonometrie und der Stereometrie.

Leitfaden

für

den Unterricht an Gymnasien, höheren Bürger- (Real-) und Gewerbeschulen

bearbeitet

von

Dr. M. Steiner,

Lehrer der Mathematik an der Königl. Kunst-, Bau- und Handwerksschule in Breslau.

Breslau,

Verlag von F. E. C. Leuckart.

1845.

Vorwort.

Obwohl in der pädagogischen Welt sich ziemlich allgemein die Ansicht Geltung verschafft hat, daß ein tüchtiger, die geistigen Kräfte des Schülers anregender und bildender mathematischer Unterricht ohne Lehrbuch gegeben werden müsse, so hat mich doch eine mehrjährige Erfahrung überzeugt, daß diese Ansicht nur unter der Voraussetzung richtig ist, daß der Lehrer gleichmäßig befähigte und gleichmäßig vorgebildete Schüler vor sich habe. Dann werden allerdings dieselben im Stande sein, unter Anleitung des Lehrers sich die mathematischen Sätze ohne Hülfe eines Lehrbuchs so auszuarbeiten, daß ihnen diese eignen Ausarbeitungen auch in der Folge die Stelle eines Lehrbuches vertreten können. Leider aber entspricht im Allgemeinen immer nur ein geringer Theil der Schüler diesen Bedingungen, und es wird daher, namentlich in zahlreichen Klassen, in der Regel nöthig sein, der Selbstthätigkeit des Schülers durch ein zweckmäßig bearbeitetes Lehrbuch zu Hülfe zu kommen. Jedoch nur unter dieser Bedingung allein, daß das den Schülern in die Hände gegebene Lehrbuch bloß dazu diene, die Selbstthätigkeit des Schülers zu leiten und zu unterstützen, läßt sich, wie ich glaube, die Einführung eines mathematischen Lehrbuches in Schulen vertheidigen. Es wird daher ein zu diesem Zwecke bearbeitetes Lehrbuch nur die zur Begründung des Systems nothwendigen Hauptsätze enthalten, und die Beweise derselben mehr skizzirt, als vollständig ausgeführt geben dürfen, deren vollständige Ausführung unerläßliche Pflicht des Schülers bleiben muß.

Obwohl nun an guten Lehrbüchern der ebenen Trigonometrie und Stereometrie grade kein Mangel ist, so konnte ich doch unter den mir bis jetzt bekannt gewordenen keins finden, welches ich meinem Unterricht an der hiesigen königlichen

Kunst-, Bau- und Handwerksschule zu Grunde legen möchte, indem sie theils zu viel enthalten und die Beweise zu ausführlich geben, theils nicht nach genetischen Prinzipien bearbeitet sind. Meiner Ansicht nach muß namentlich jeder Definition eines Begriffes die Genesis dieses Begriffes vorausgehen, indem es dem Denken nicht zugemuthet werden kann, einen Begriff zu denken, ohne ihm zu zeigen, wie es zu diesem Begriffe komme, und grade dies vermißt man bei einem sehr großen Theile der für die Schulen bearbeiteten Lehrbücher. Ich habe mich daher bemüht, hauptsächlich nach diesem Grundsatz die Sätze der Trigonometrie und Stereometrie anzuordnen, und habe gefunden, daß die Schüler dadurch eine weit deutlichere Anschauung der Begriffe erhalten, besonders in der Stereometrie, wo die Phantasie ohnehin der mangelhaften Darstellung durch die Zeichnung vielfach zu Hülfe kommen muß. Was die Ausführung der Beweise betrifft, so weiß ich recht gut, daß man auch an diesen noch aussetzen könne, daß sie zu ausführlich seien, und ich hätte es selbst gern anders machen mögen, wenn ich nicht ein Hauptaugenmerk auf die Gewerbeschulen hätte richten müssen, welche meist sehr ungleichmäßig und selbst sehr mangelhaft vorgebildete Schüler aufnehmen, und diese in der Regel in sehr kurzer Zeit durch das ganze Gebiet der niedern Mathematik hindurchführen müssen. In der Trigonometrie habe ich den Begriff der trigonometrischen Funktionen als Quotienten an die Spitze gestellt, und aus diesem allein die Eigenschaften derselben abgeleitet. Nur, um die Art des Zu- und Abnehmens dieser Funktionen anschaulich zu machen, habe ich die Darstellung dieser Funktionen durch Linien in dem Kreise, dessen Halbmesser die Längeneinheit ist, zu Hülfe genommen. Auch habe ich es für nöthig gehalten, die trigonometrische Berechnung der Dreiecke durch ausgeführte Zahlenbeispiele zu erläutern.

Breslau, im September 1844.

Der Verfasser.

Die ebene Trigonometrie.

Erster Abschnitt.
Von den trigonometrischen Functionen.

§. 1. Erklärung.

Sind von einem ebenen Dreieck entweder eine Seite und zwei Winkel, oder zwei Seiten und der eingeschlossene Winkel, oder zwei Seiten und der der größeren gegenüberliegende Winkel, oder endlich alle drei Seiten gegeben, so ist das Dreieck seiner Größe und Form nach bestimmt. Durch je drei dieser bestimmenden Stücke sind daher auch die übrigen nicht gegebenen Stücke mit bestimmt; es muß also zwischen den bestimmenden Stücken eines Dreiecks und den übrigen eine solche Abhängigkeit stattfinden, daß wenn jene in Zahlen gegeben sind, auch diese in Zahlen durch Rechnung müssen gefunden werden können.

Die ebene Trigonometrie ist nun diejenige mathematische Wissenschaft, welche lehrt, aus je drei bestimmenden Stücken eines ebenen Dreiecks die übrigen, nicht gegebenen, Stücke durch Rechnung zu finden.

§. 2. Erklärung.

Da Seiten und Winkel ungleichartige Größen sind, indem ihre Maße sich auf verschiedene Einheiten beziehen, und deßhalb nicht unmittelbar auf einander bezogen werden können, so hat man anstatt der Winkel gewisse von der Größe der Winkel abhängige und für jeden Winkel (wenigstens annäherungsweise) angebbare Zahlengrößen, die trigonometrischen Functionen der Winkel, in die Rechnung eingeführt.

Es sei (Fig. 1.) BAC = v ein beliebiger spitzer Winkel; fällt man von beliebigen Punkten F, H, L des einen Schenkels AB die Senkrechten FG, HK, LM, auf den andern Schenkel AC, so ist $\triangle AFG \sim \triangle AHK \sim \triangle ALM$, weil $FG \parallel HK \parallel LM$; und daher

1) $FG : AF = HK : AH = LM : AL$

2) $AG : AF = AK : AH = AM : AL$

3) $FG : AG = HK : AK = LM : AM$.

Es sind daher auch folgende Quotienten gleich:

1) $\frac{FG}{AF} = \frac{HK}{AH} = \frac{LM}{LA}$

2) $\frac{AG}{AF} = \frac{AK}{AH} = \frac{AM}{AL}$

3) $\frac{FG}{AG} = \frac{HK}{AK} = \frac{LM}{AM}$

und ebenso die umgekehrten Quotienten:

4) $\frac{AF}{FG} = \frac{AH}{HK} = \frac{AL}{LM}$

5) $\frac{AF}{AG} = \frac{AH}{AK} = \frac{AL}{AM}$

6) $\frac{AG}{FG} = \frac{AK}{HK} = \frac{AM}{LM}$

Die Quotienten der Verhältnisse je zweier Seiten eines zwischen den Schenkeln eines spitzen Winkels construirten rechtwinkligen Dreiecks sind also für denselben spitzen Winkel bestimmte unveränderliche Zahlen, und können daher zur Bestimmung des Winkels dienen. Denn ist das Verhältniß zweier Seiten eines rechtw. Dreiecks gegeben, so ist das Dreieck seiner Form nach bestimmt; alle rechtw. Dreiecke, in denen diese Seiten das gegebene Verhältniß haben, sind bekanntlich ähnlich, und daher auch die spitzen Winkel in demselben beziehlich gleich; es kann somit der Winkel aus dem gegebenen Verhältniß zweier Seiten eines rechtw. Dreiecks, in welchem derselbe enthalten ist, construirt, und umgekehrt aus dem Winkel das Verhältniß je zweier Seiten eines zwischen den Schenkeln desselben angenommenen rechtw. Dreiecks gefunden werden.

Diese sechs Quotienten sind nun die trigonometrischen Functionen des Winkels v; man nennt

den Quotienten $\frac{FG}{AF}$ den Sinus des Winkels v und bezeichnet ihn durch das Symbol sin v.

d. Quot.	$\frac{AG}{AF}$	d. Cosinus	d. Wink. v u. bez. ihn durch d. Symb.	cos v
= =	$\frac{FG}{AG}$	= Tangente	= = = = = = = = = =	tang v
= =	$\frac{AF}{FG}$	= Cosekante	= = = = = = = = = =	cosec v
= =	$\frac{AF}{AG}$	= Sekante	= = = = = = = = = =	sec v
= =	$\frac{AG}{FG}$	= Cotangente	= = = = = = = = = =	cotang v.

Von diesen 6 Quotienten sind jedoch nur 4, nämlich:

Sinus, Cosinus, Tangente und Cotangente

im Gebrauch geblieben, indem sich Cosec. und Sec. leicht aus dem Sinus und Cosinus ergeben. Denn es ist

$$\text{cosec}\,v = \frac{AF}{FG} = \frac{1}{\frac{FG}{AF}} = \frac{1}{\sin v}$$

$$\sec v = \frac{AF}{AG} = \frac{1}{\frac{AG}{AF}} = \frac{1}{\cos v}$$

§. 3. Erklärung.

Von den Begriffen der trigonometrischen Function ausgehend, wie sich dieselben beim spitzen Winkel ergaben, setzen wir nun folgende allgemeine Begriffsbestimmungen für die trigonometrischen Functionen fest, indem wir unter der dem Winkel gegenüberstehenden Kathete durchweg die aus einem Puncte des einen Schenkels auf die Richtung des andern Schenkels gefällte Senkrechte, und unter der anliegenden Kathete dasjenige Stück des andern Schenkels oder seiner Verlängerung verstehen, welches dieselbe, vom Scheitel aus gerechnet, abschneidet.

Fällt man aus irgend einem Punkte des einen Schenkels eines Winkels eine Senkrechte auf die Richtung des andern Schenkels, so heißt

1) der Quotient des Verhältnisses der diesem Winkel in dem entstandenen Dreieck gegenüberliegenden Kathete zur Hypotenuse desselben der **Sinus**;

2) der Quotient des Verhältnisses der anliegenden Kathete zur Hypotenuse der **Cosinus**;

3) der Quotient des Verhältnisses der gegenüberliegenden Kathete zur anliegenden die (trigonometrische) Tangente; und

4) der Quotient des Verhältnisses der anliegenden Kathete zur gegenüberliegenden die Cotangente dieses Winkels.

§. 4.

Fällt man (Fig. 2.) aus einem beliebigen Punkte B des einen Schenkels AB eines stumpfen Winkels z eine Senkrechte BD auf den anderen Schenkel AC, so trifft diese nicht mehr den andern Schenkel selbst, sondern dessen Verlängerunng AC′ auf der entgegengesetzten Seite vom Scheitel A. Sollen wieder die Verhältnisse je zweier Seiten des entstandenen rechtw. Dreiecks, ebenso wie beim spitzen Winkel, auch den stumpfen Winkel bestimmen, so muß die verschiedene Lage der Seiten dieses Dreiecks berücksichtigt werden, weil die Verhältnisse der absoluten Maße der Seiten dieses Dreiecks ebenso gut dem spitzen Nebenwinkel $v = 2R - z$ angehören können. Eine Verschiedenheit der Lage findet in diesem Falle zunächst nur bei der anliegenden Kathete statt. Diese fällt beim spitzen Winkel immer in den einen Schenkel des Winkels selbst, beim stumpfen Winkel dagegen immer in die Verlängerung dieses Schenkels auf die entgegengesetzte Seite vom Scheitel. Noch andere Verschiedenheiten in der Lage der Seiten des die Winkelfunktionen gebenden rechtwinkligen Dreiecks ergeben sich bei den converen Winkeln. Dieser Gegensatz in der Lage der Seiten jenes Dreiecks muß daher an den Maßen derselben bezeichnet werden.

§. 5.

Ist eine Linie durch eine Zahl dargestellt, so zeigt diese Zahl an, wie oft die Maßeinheit auf irgend eine gerade Linie von einem bestimmten Punkte derselben aus aufgetragen werden muß, um die verlangte Linie zu erhalten. Hierbei ist an und für sich die Richtung, nach welcher das Maß aufzutragen ist, gleichgültig. Soll aber eine Linie von $p - q = r$ Einheiten aufgetragen werden, so wird man die Länge von r Einheiten finden, wenn man erst p Einheiten von dem beliebig gewählten oder gegebenen Anfangspunkt A (Fig. 3.) einer beliebigen geraden Linie MN auf einer der beiden Seiten dieser Linie etwa bis B, und dann von B aus q Einheiten rückwärts, also nach der entgegengesetzten Richtung hin aufträgt; ist demnach $BC = q$, so ist dann $AC = p - q = r$. Ist aber (Fig. 4.) q um r Einheiten größer als p, so wird man, nachdem von A aus nach N hin p Einheiten, und von dem Endpunkte B der erhaltenen Linie AB q Einheiten, wie vorher, nach der entgegengesetzten Richtung aufgetragen worden sind, in diesem Falle um r Einheiten über den Anfangspunkt A auf die entgegengesetzte Seite, etwa bis C', hinauskommen, weil q um r Einheiten größer, als p ist. Dann ist, wie vorhin AC, so jetzt $AC' = p - q$, folglich, weil in dem letztern Falle $p - q = -r$ ist, $AC' = -r$. Ist demnach (Fig. 3.) $AC = r$, so ist (Fig. 4.) $AC' = -r$. Die entgegengesetzte Lage zweier Linien stellt sich daher an den Maßen derselben durch die entgegengesetzten Rechnungszeichen + und — dar.

Nimmt man demnach die Lage der Seiten des Dreiecks, dessen Seitenverhältnisse die Funktionen eines Winkels geben, wie sie sich beim spitzen Winkel ergiebt, als die ursprüngliche an, so sind für diesen Fall die Maße der Seiten dieses rechtw. Dreiecks absolute Zahlen, und die Maße der Seiten irgend eines solchen die Winkelfunktionen gebenden Dreiecks sind immer dann absolute Zahlen, wenn die Lage derselben mit der Lage beim spitzen Winkel übereinstimmt, negative Zahlen dagegen, sobald ihre Lage der Lage der entsprechenden Seiten beim spitzen Winkel entgegengesetzt ist.

§. 6.

Hiernach ergiebt sich für die Funktionen stumpfer und convexer Winkel Folgendes.

Der Kürze wegen werden fortan die absoluten Maße der Seiten des rechtw. Dreiecks, aus welchem die Winkelfunktionen ermittelt werden, die Hypotenuse mit r, die gegenüberstehende Kathete mit y, und die anliegende mit x bezeichnet. Dann ergiebt sich 1) für den stumpfen Winkel $z = 2R - v$ (Fig. 2.)

$$\sin z = \sin(2R - v) = \frac{y}{r}$$

$$\cos z = \cos(2R - v) = \frac{-x}{r} = -\frac{x}{r}$$

$$\operatorname{tang} z = \operatorname{tang}(2R - z) = \frac{y}{-x} = -\frac{y}{x}$$

$$\operatorname{cotang} z = \operatorname{cotang}(2R - v) = \frac{-x}{y} = -\frac{x}{y}$$

d. h. der Sinus eines stumpfen Winkels $z = 2R - v$ ist positiv, Cosinus, Tangente und Cotangente dagegen negativ.

2) Ist (Fig. 5.) der Winkel CAB $= z$ convex und zwar $2R + v$, wo v ein spitzer Winkel ist, so fällt die Senkrechte aus irgend einem Punkte B des einen Schenkels AB auf den andern AC unterhalb AC, und trifft nur dessen Verlängerung AC′ in D, die Lage von y und x ist daher der Lage der gleichnamigen Seiten beim spitzen Winkel entgegengesetzt, und daher:

$$\sin z = \sin(2R + v) = \frac{-y}{r} = -\frac{y}{r}$$

$$\cos z = \cos(2R + v) = \frac{-x}{r} = -\frac{x}{r}$$

$$\tan z = \tan(2R + v) = \frac{-y}{-x} = \frac{y}{x}$$

$$\cot z = \cot(2R + v) = \frac{-x}{-y} = \frac{x}{y}.$$

Sinus und Cosinus eines convexen Winkels $z = 2R + v$ sind demnach negativ, Tangente und Cotangente dagegen positiv.

3) Ist (Fig. 6.) der Winkel CAB convex und zwar $4R - v$, so trifft die aus einem beliebigen Punkte B des einen Schenkels BA auf den andern AC gefällte Senkrechte BD zwar diesen selbst, fällt aber unterhalb AC. Es ist daher:

$$\sin z = \sin(4R - v) = \frac{-y}{r} = -\frac{y}{r}$$

$$\cos z = \cos(4R - v) = \frac{x}{r}$$

$$\tan z = \tan(4R - v) = \frac{-y}{x} = -\frac{y}{x}$$

$$\cot z = \cot(4R - v) = \frac{x}{-y} = -\frac{x}{y}$$

Sinus, Tangente und Cotangente eines convexen Winkels $(4R - v)$ sind demnach negativ, der Cosinus dagegen positiv.

§. 7.

Da die absoluten Werthe von x, y zugleich dem spitzen Winkel v entsprechen, so ergeben sich aus dem Vorhergehenden noch folgende Beziehungen der Functionen der Winkel 2R — v, 2R + v, 4R — v zu den gleichnamigen des spitzen Winkels v.

$$\sin(2R - v) = \sin v.$$
$$\cos(2R - v) = -\cos v.$$
$$\tang(2R - v) = -\tang v.$$
$$\cotang(2R - v) = -\cotang v.$$
$$\sin(2R + v) = -\sin v.$$
$$\cos(2R + v) = -\cos v.$$
$$\tang(2R + v) = \tang v.$$
$$\cotang(2R + v) = \cotang v.$$
$$\sin(4R - v) = -\sin v.$$
$$\cos(4R - v) = \cos v.$$
$$\tang(4R - v) = -\tang v.$$
$$\cotang(4R - v) = -\cotang v.$$

Es lassen sich also die Functionen aller stumpfen und converen Winkel zurückführen auf die gleichnamigen Functionen bestimmter spitzen Winkel.

§. 8. Erklärung.

Von zwei Winkeln, deren Summe gleich 2R ist, heißt der eine der Supplementwinkel, oder das Supplement des andern. Ist demnach z ein beliebiger Winkel, kleiner als 2R, so ist 2R — z dessen Supplementwinkel.

§. 9. Zusatz.

Es ist demnach der Sinus jedes concaven Winkels z gleich dem Sinus, und der Cosinus desselben gleich dem negativen Cosinus seines Supplementwinkels (2R — z); die (Tangente / Cotangente) eines concaven Winkels z gleich der negativen (Tangente / Cotangente) seines Supplementwinkels 2R — z.

§. 10.

Weil ein Winkel von der Form 4R + v, 4nR + v, nur der Entstehungsart nach, nicht aber in der Wirklichkeit von dem Winkel v verschieden ist, so ist

$$\sin(4nR + v) = \sin v.$$
$$\cos(4nR + v) = \cos v.$$
$$\tang(4nR + v) = \tang v.$$
$$\cotang(4nR + v) = \cotang v.$$

$\sin[(4n+2)R-v] = \sin(4nR+2R-v) = \sin(2R-v) = \sin. v$

$\sin[(4n+2)R+v] = \sin(4nR+2R+v) = \sin(2R-v) = -\sin. v$

$\cos[(4n+2)R-v] = \cos(4nR+2R-v) = \cos.(2R-v) = -\cos. v$

$\cos[(4n+2)R+v] = \cos(4nR+2R+v) = \cos(2R+v) = -\cos. v$

$\tang[(4n+2)R-v] = \tang(4nR+2R-v) = \tang(2R-v) = -\tang. v$

$\tang[(4n+2)R+v] = \tang(4nR+2R+v) = \tang(2R+v) = \tang. v$

$\cotang[(4n+2)R-v] = \cotang(4nR+2R-v) = \cotang(2R-v) = -\ctg. v$

$\cotang[(4n+2)R+v] = \cotang(4nR+2R+v) = \cotang(2R+v) = \ctg. v$

§. 11. Lehrsatz.

Ist die Summe zweier spitzen Winkel v und w gleich einem rechten Winkel, so ist d. (Sinus / Tangente) des einen gleich (d. Cosinus / d. Cotangente) des andern Winkels, und umgekehrt (Fig. 7.).

Beweis. Ist $\angle BAC = v$ ein beliebiger spitzer Winkel und zieht man BD senkrecht auf AC, so ist $\angle ABD = w$ und $v + w = R$. Nun ist

$$\sin v = \frac{y}{r}$$

$$\text{und } \cos w = \frac{y}{r}$$

$$\text{folglich } \sin v = \cos. w.$$

$$\text{Ebenso ist } \cos v = \frac{x}{r}$$

$$\sin w = \frac{x}{r}$$

$$\text{folglich } \cos v = \sin w,$$

Ferner ist $\operatorname{tang} v = \frac{y}{x}$

$\operatorname{cotang} w = \frac{y}{x}$

folglich $\operatorname{tang} v = \operatorname{cotang} w$.

Endlich ist $\operatorname{cotang} v = \frac{x}{y}$

und $\operatorname{tang} w = \frac{x}{y}$

folglich $\operatorname{cotang} v = \operatorname{tang} w$.

§. 12. Erklärung.

Von zwei Winkeln, deren Summe gleich R ist, heißt jeder das **Complement**, oder der **Complementwinkel** des andern. Ist also $v + w = R$, so ist $v = R - w$ der Complementwinkel zu w, und $w = R - v$ der Complementwinkel zu v.

§. 13. Zusatz.

Der Satz §. 11 läßt sich daher auch, wie folgt, aussprechen:

(d. Sinus / d. Tangente) eines jeden spitzen Winkels ist gleich (d. Cosinus / d. Cotangente) seines Complementwinkels, und umgekehrt;

d. h. $\sin(R - v) = \cos v$ $\quad \operatorname{tang}(R - v) = \operatorname{cotang} v$

$\cos(R - v) = \sin v$ $\quad \operatorname{cotang}(R - v) = \operatorname{tang} v$.

§. 14. Lehrsatz.

Ist v ein spitzer Winkel, so ist

1) $\sin(R + v) = \cos v$
2) $\cos(R + v) = -\sin v$
3) $\operatorname{tang}(R + v) = -\operatorname{cotang} v$
4) $\operatorname{cotang}(R + v) = -\operatorname{tg} v$
5) $\sin(3R + v) = -\cos v$
6) $\cos(3R + v) = \sin v$
7) $\operatorname{tang}(3R + v) = -\operatorname{cotg} v$
8) $\operatorname{cotang}(3R + v) = -\operatorname{tg} v$

Beweis. Es sei (Fig. 9.) $\angle BAF = R + v$, folglich, wenn AC, in A auf AB senkrecht gezogen wird, $\angle CAF = v$. Fällt man von dem beliebigen Punkte F des Schenkels AF auf BB' die Senkrechte FG und auf AC die Senkrechte FH, so ist in dem Rechteck AHFG : FG = AH, und AG = HF. Weil nun

$$\sin\ BAF = \sin(R+v) = \frac{FG}{AF} = \frac{AH}{AF}$$

und $\frac{AH}{AF} = \cos v$ ist, so ist auch

1. $\sin(R+v) = \cos v.$

Ferner ist 2. $\cos(R+v) = -\frac{AG}{AF} = -\frac{HF}{AF} = -\sin v.$

3. $\mathrm{tang}(R+v) = \frac{FG}{-AG} = \frac{AH}{-HF} = -\frac{AH}{HF} = -\mathrm{cotg}\, v.$

4. $\mathrm{cotang}(R+v) = \frac{-AG}{FG} = \frac{-HF}{AH} = \frac{-HF}{HA} = -\mathrm{tang}\, v.$

Es sei (Fig. 10.) endlich der convere Winkel BAF = 3R + v, folglich, wenn man in A auf AB die Senkrechte CC′ zieht, ∠FAC′ = v. Fällt man wieder von dem beliebigen Punkte F des Schenkels AF auf den andern Schenkel AB die Senkrechte FG, und auf CC′ die Senkrechte FH, so ist in dem Rechteck GAHF : FG = AH, FH = GA. Es ist daher

5. $\sin \angle BAF = \sin(3R+v) = \frac{-FG}{FA} = \frac{-AH}{FA} = -\frac{AH}{FA}$
$= -\cos v.$

6. $\cos(3R+v) = \frac{AG}{AF} = \frac{FH}{AF} = \sin v.$

7. $\mathrm{tang}(3R+v) = \frac{-FG}{AG} = \frac{-AH}{FH} = -\frac{AH}{FH} = -\mathrm{cotg}\, v.$

8. $\mathrm{cotang}(3R+v) = \frac{GA}{-FG} = \frac{FH}{-AH} = -\frac{FH}{AH} = -\mathrm{tg}\, v.$

§. 15. Zusatz.

Weil die Funktionen eines Winkels 4nR + z gleich denen des Winkels z sind, so ist (§. 14.)

$$\sin[(4n+1)R+v] = \sin[4nR+(R+v)] = \sin(R+v) = \cos v$$

$$\cos[(4n+1)R+v] = \cos[4nR+(R+v)] = \cos(R+v) = -\sin v$$

$$\mathrm{tang}[(4n+1)R+v] = \mathrm{tang}[4nR+(R+v)] = \mathrm{tang}(R+v) = -\mathrm{cotg}\, v$$

$$\text{cotang}[(4n+1)R+v] = \text{cotg}[4nR+(R+v)] = \text{cotg}(R+v)$$
$$= -\text{tg}\, v$$
$$\sin[(4n+3)R+v] = \sin[4nR+(3R+v)] = \sin(3R+v)$$
$$= -\cos v$$
$$\cos[(4n+3)R+v] = \cos[4nR+(3R+v)] = \cos(3R+v)$$
$$= \sin v$$
$$\text{tang}[(4n+3)R+v] = \text{tg}[4nR+(3R+v)] = \text{tg}(3R+v)$$
$$= -\text{cotg}\, v$$
$$\text{cotang}[(4n+3)R+v] = \text{cotg}[4nR+(3R+v)] = \text{cotg}(3R+v)$$
$$= -\text{tg}\, v$$

§. 16.

So wie Linien können auch Winkel der Lage nach entgegengesetzt sein, wie $\angle BAC$ und $\angle B'AC$. Ist daher $\angle BAC = \angle B'AC$ und $\angle BAC = z$, wo z das Maaß des Winkels BAC bezeichnet, so muß aus denselben Gründen, wie bei Linien (vgl. §. 5.), das Maaß des Winkels $B'AC = -z$ sein.

Es lassen sich nun auch die Funktionen negativer Winkel durch die gleichnamigen Funktionen positiver Winkel ausdrücken.

§. 17. Lehrsatz.

Es ist 1. $\sin(-z) = -\sin z$

3. $\cos(-z) = \cos z$

4. $\text{tang}(-z) = -\text{tg}\, z$

4. $\text{cotg}(-z) = -\text{cotg}\, z$

Beweis. Es sei (Fig. 11.) $\angle BAC = \angle B'AC$, und die Lage des Winkels $B'AC$ der des Winkels BAC entgegengesetzt. Zieht man von B BD senkrecht auf AC, und verlängert man BD, bis sie den Schenkel $B'A$ in B' trifft, so ist $\triangle BDA \cong \triangle B'DA$, und daher $BD = B'D$, und $BA = B'A$, folglich auch den absoluten Werthen nach:

$$\frac{BD}{BA} = \frac{BD}{BA}.$$

Weil aber $B'D$ der Lage nach BD entgegengesetzt ist, so ist mit Berücksichtigung dieses Gegensatzes der Lage:

$$-\frac{BD}{BA} = \frac{B'D}{B'A}.$$

Nun ist $\frac{BD}{BA} = \sin BAC = \sin z$, und

$\frac{B'D}{BA} = \sin B'AC = \sin(-z)$,

folglich $\sin(-z) = -\sin z$.

Ferner ist, weil $AB = AB'$, auch, sowohl dem absoluten Werthe, als der Lage nach:

$$\frac{AD}{AB} = \frac{AD}{AB'},$$

also, weil $\frac{AD}{AB} = \cos z$, und $\frac{AD}{AB'} = \cos(-z)$ ist,

$$\cos(-z) = \cos z.$$

Ebenso ist $\frac{BD}{DA} = \frac{B'D}{DA}$ dem absoluten Werthe nach, und mit Berücksichtigung der Lage:

$$-\frac{BD}{DA} = \frac{B'D}{DA}.$$

Nun ist $\frac{BD}{DA} = \tang z$, $\frac{B'D}{DA} = \tang(-z)$,

folglich $\tang(-z) = -\tang z$.

Endlich ist auch $\frac{DA}{BD} = \frac{DA}{B'D}$, und mit Berücksichtigung der Lage:

$$-\frac{DA}{BD} = \frac{DA}{B'D}$$

also $-\operatorname{cotg} z = \operatorname{cotg}(-z)$.

§. 18. Lehrsatz.

Für jeden Winkel z ist $\tang z = \frac{\sin z}{\cos z}$ und $\operatorname{cotang} z = \frac{\cos z}{\sin z}$. (Fig. 8.)

1. Ist $z < R$, so ist $\tang z = \frac{y}{x}$. Dividirt man Zähler und Nenner durch r, so ist

$$a) \quad \tang z = \frac{\frac{y}{r}}{\frac{x}{r}}$$

Nun ist $\frac{y}{r} = \sin z$, $\frac{x}{r} = \cos z$, folglich:

$$\tang z = \frac{\sin z}{\cos z}.$$

b). Es ist $\cotang z = \frac{x}{y}$.

Dividirt man wieder Zähler und Nenner durch r, so ist

$$\cotang z = \frac{\frac{x}{r}}{\frac{y}{r}} = \frac{\cos z}{\sin z}.$$

Auf dieselbe Weise kann, mit gehöriger Berücksichtigung der Zeichen, der Beweis für alle stumpfen und alle convexen Winkel geführt werden.

§. 19. Lehrsatz.

Für jeden Winkel z ist $\sin^2 z + \cos^2 z = 1$.

Beweis. (Fig. 8.) Ist z ein spitzer Winkel und BD senkrecht auf AC gezogen, und AB = r, BD = y, AD = x, so ist nach dem Pythagoräischen Lehrsatze

$$x^2 + y^2 = r^2,$$

folglich, wenn man auf beiden Seiten mit r^2 dividirt:

$$\frac{x^2}{r^2} + \frac{y^2}{r^2} = \frac{r^2}{r^2}$$

$$\text{d. i.} \quad \left(\frac{x}{r}\right)^2 + \left(\frac{y}{r}\right)^2 = 1.$$

Nun ist $\frac{x}{r} = \cos z$

$$\frac{y}{r} = \sin z,$$

folglich $\cos^2 z + \sin^2 z = 1$.

Ist z ein stumpfer Winkel = 2R — v, so ist

$$\sin z = \sin (2R - v) = \sin v$$

$$\cos z = \cos (2R - v) = - \cos v,$$

daher $\sin^2 z + \cos^2 z = \sin^2 v + (- \cos v)^2$.

Weil aber $(- \cos v)^2 = \cos^2 v$, so ist, weil v ein spitzer W. ist:

$$\sin^2 z + \cos^2 z = \sin^2 v + \cos^2 v = 1.$$

§. 20.

Vermittelst der beiden vorhergehenden Sätze läßt sich nun, wenn eine Funktion eines Winkels gegeben ist, hieraus jede der übrigen finden. Man findet leicht folgende Formeln:

$$\cos z = \sqrt{1-\sin^2 z} = \frac{1}{\sqrt{1+\operatorname{tang}^2 z}} = \frac{\operatorname{cotg} z}{\sqrt{1+\operatorname{cotg}^2 z}}$$

$$\sin z = \sqrt{1-\cos^2 z} = \frac{\operatorname{tang} z}{\sqrt{1+\operatorname{tang}^2 z}} = \frac{1}{\sqrt{1+\operatorname{cotg}^2 z}}$$

$$\operatorname{tang} z = \frac{\sin z}{\cos z} = \frac{\sin z}{\sqrt{1-\sin^2 z}} = \frac{\sqrt{1-\cos^2 z}}{\cos z} = \frac{1}{\operatorname{cotg} z}$$

$$\operatorname{cotang} z = \frac{\cos z}{\sin z} = \frac{\sqrt{1-\sin^2 z}}{\sin z} = \frac{\cos z}{\sqrt{1-\cos^2 z}} = \frac{1}{\operatorname{tang} z}$$

§. 21.

Ist $\angle z = 0$, so ist $y = 0$, $x = r$, folglich

$$\sin 0 = \frac{0}{r} = 0$$

$$\cos 0 = \frac{r}{r} = 1$$

$$\operatorname{tang} 0 = \frac{0}{r} = 0$$

$$\operatorname{cotang} 0 = \frac{r}{0} = \infty$$

Ist $\angle z = R$, so ist $y = r$, $x = 0$, folglich

$$\sin R = \frac{r}{r} = 1$$

$$\cos R = \frac{0}{r} = 0$$

$$\operatorname{tang} R = \frac{r}{0} = \infty$$

$$\operatorname{cotang} R = \frac{0}{r} = 0.$$

Ist $\angle z = 2R$, so ist $y = 0$, $x = r$, folglich

$$\sin 2R = \frac{0}{r} = 0$$

$$\cos 2R = -\frac{r}{r} = -1,$$

$$\text{tang}\, 2R = -\frac{0}{r} = 0$$

$$\text{cotang}\, 2R = -\frac{r}{0} = \infty$$

Ist $\angle z = 3R$, so ist $y = r$, $x = o$, folglich

$$\sin 3R = -\frac{r}{r} = -1$$

$$\cos 3R = \frac{0}{r} = 0$$

$$\text{tang}\, 3R = -\frac{r}{0} = \infty$$

$$\text{cotang}\, 3R = -\frac{0}{r} = 0$$

Ist $\angle z = 4R$, so ist $y = 0$, $x = r$, folglich

$$\sin 4R = \frac{0}{r} = 0$$

$$\cos 4R = \frac{r}{r} = 1$$

$$\text{tang}\, 4R = \frac{0}{r} = 0$$

$$\text{cotang}\, 4R = \frac{r}{0} = \infty$$

Aus dieser Zusammenstellung und dem Gesetze (§. 7), daß die Funktionen der Winkel $2R - v$, $2R + v$, $4R - v$, ihren absoluten Werthen nach, den gleichnamigen Funktionen des spitzen Winkels v gleich sind, ergiebt sich schon, daß dies Zunehmen und Abnehmen der Funktionen innerhalb bestimmter Grenzen periodisch ist. Das Gesetz dieses Zunehmens und Abnehmens der verschiedenen trigonometrischen Funktionen der Winkel läßt sich auf folgende Weise anschaulich machen.

§. 22.

Um die besonderen Werthe, welche diese Funktionen für jede mögliche Größe eines Winkels erhalten, mit einander bequemer vergleichen zu können, ist es zweckmäßig, diese Funktionen so darzustellen, daß die dieselben ausdrückenden Quotienten sämmtlich gleichnamig sind. Man erreicht dies bei den Funktionen Sinus und Cosinus dadurch, daß man die Schenkel des Winkels einander gleich macht, welches bekanntlich auf die Größe eines Winkels keinen Einfluß hat. Denkt man sich ferner den einen Schenkel fest, und den andern um den Scheitel beweglich, so durchläuft, wenn man den beweglichen Schenkel eine ganze Umdrehung machen läßt, der von den beiden Schenkeln gebildete Winkel alle möglichen Größen eines Winkels. Da zugleich der Endpunkt des beweglichen Schenkels einen Kreis beschreibt, so stellt dieser alle möglichen Lagen des beweglichen Schenkels dar. Weil endlich die Länge der Schenkel, oder der Radius des aus dem Scheitel zu beschreibenden Kreises willkürlich ist, so kann man, ohne der Allgemeinheit Eintrag zu thun, den Halbmesser dieses Kreises gleich der Längeneinheit nehmen, wodurch sich jede der obigen Funktionen durch das Maaß einer einzigen Linie darstellen läßt.

Es sei daher (Fig. 12.) in dem Kreise um C, dessen Halbmesser $AC = 1$ sei, der Durchmesser AB, und auf diesem ein 2ter Durchmesser DE senkrecht gezogen; AC sei der feste, und FC der bewegliche Schenkel des zu erzeugenden Winkels. Fällt man von F auf AC die Senkrechte FG, so ist

1. $\frac{FG}{FC} = \sin z,$

folglich, da $FC = 1$ ist, wenn unter FG das Maaß von FG für FC als Einheit verstanden wird:

$$FG = \sin z.$$

2. Ferner ist $\frac{GC}{FC} = \cos z$, folglich, da $FC = 1$ ist,

$$GC = \cos z.$$

3. Errichtet man in dem Endpunkte A des festen Schenkels eine Senkrechte AM auf AC, welche aus bekannten Gründen eine Tangente des beschriebenen Kreises ist, und verlängert man den beweglichen Schenkel FC, bis er die Tangente AM in M schneidet, so ist in dem rechtwinkligen Dreieck AMC:

$$\frac{AM}{AC} = \text{tang } z,$$

folglich für AC als Einheit:

$$AM = \text{tang } z.$$

4. Erwägt man endlich, daß (§. 13.) die Cotangente eines Winkels gleich der Tangente seines Complementwinkels ist, so wird man, um eine Linie zu construiren, deren Maaß gleich der Cotangente eines gegebenen Winkels ist, nur nöthig haben, auf die vorhin ange-

gebene Weise die Tangente des Winkels FCD = v zu construiren. Man errichte zu diesem Zweck in D, dem Endpunkte des senkrechten Durchmessers, eine Senkrechte ND auf demselben, welche Senkrechte ebenfalls eine Tangente des Kreises in D ist, und verlängere den beweglichen Schenkel FC, bis er diese Tangente in N schneidet, so ist das Stück derselben ND, welches zwischen dem Berührungspunkte oder dem Endpunkte des senkrechten Durchmessers und dem Einschnittspunkt in den beweglichen Schenkel enthalten ist, die Cotangente des Winkels z, denn es ist ND = tang v, folglich, weil v = R — z und tang v = tang (R — z) = cotang z,

$$ND = \text{cotang } z.$$

II. Ist $\angle ACF' = 2R - w$, und fällt man von F' eine Senkrechte F'G' auf die Verlängerung des festen Schenkels AC, so ist

$$F'G' = \sin ACF'$$
$$- G'C = \cos ACF'.$$

Verlängert man die in A an den Kreis gezogene Tangente unterhalb AB, bis sie die Verlängerung des beweglichen Schenkels in M' trifft, so ist

$$AM' = \text{tang } ACF',$$

da AM' in Beziehung auf AM eine entgegengesetzte Lage hat, so drückt AM' durch ihre Lage auch das Vorzeichen von tang ACF' richtig aus.

Verlängert man die in D an den Kreis gezogene Tangente ND über D hinaus, bis sie die Verlängerung des beweglichen Schenkels CF' in N' trifft, so ist

$$DN' = \text{cotang } ACF'$$

und weil DN' in Beziehung auf DN eine entgegengesetzte Lage hat, so drückt DN' durch ihre Lage auch das Vorzeichen von cotg ACF' richtig aus.

III. Ebenso ist für den converen Winkel ACF'' = 2R + v, F''G'' der Sinus, CG'' der Cosinus, AM'' die Tangente, DN'' die Cotangente.

IV. Endlich ist für den converen Winkel ACF''' = 4R — v F'''G''' der Sinus, G'''C der Cosinus, AM''' die Tangente und DN''' die Cotangente.

Es werden demnach bei dieser Konstruktion alle Tangenten auf MM', und alle Cotangenten auf NN' abgeschnitten. Nimmt man auch hier wieder die Lage der Linien, deren Maaße die trigonometrischen F⁻nktionen geben, wie sie beim spitzen Winkel stattfindet, als die ursprüngliche an, so stimmt überall die Lage dieser Linien, wie es sein muß, mit dem Vorzeichen der entsprechenden Funktion überein.

Anmerkung. Man nennt die Linien, deren Maaße die trigonometrischen Funktionen eines Winkels geben, die **trigonometrischen Linien.**

§. 23.

Läßt man einen Winkel von 0 bis 4 R alle möglichen Größen durchlaufen, und betrachtet man die damit in Verbindung stehenden Aenderungen der Werthe der trigonometrischen Funktionen, so ergeben sich folgende Gesetze:

I. **Die Sinus**

der Winkel von 0 bis R nehmen positiv zu von 0 bis 1, und es ist
$\sin 0 = 0$, $\sin R = 1$;
= = R = 2R = = ab von 1 bis 0, und es ist
$\sin 2R = 0$;
= = = 2R = 3R = negativ zu von 0 bis -1, und es ist
$\sin 3R = -1$;
= = = 3R = 4R = = ab von 1 bis 0, und es ist
$\sin 4R = 0$.

II. **Die Cosinus**

der Winkel zwischen 0 und R nehmen positiv ab von 1 bis 0, und es ist $\cos 0 = 1$, $\cos R = 0$;
= = = R = R = negativ zu von 0 bis 1, und es ist $\cos 2R = -1$;
= = = 2R = 3R = negativ ab von -1 bis 0, und es ist $\cos 3R = 0$;
= = = 3R = 4R = positiv zu von 0 bis 1, und es ist $\cos 4R = 1$.

III. **Die Tangenten**

der Winkel zwischen 0 und R nehmen positiv zu von 0 bis ∞, und es ist $\tang 0 = 0$, $\tang R = \infty$;
= = = R und 2 R nehmen negativ ab von ∞ bis 0, und es ist $\tang 2R = 0$;
= = = 2R und 3R nehmen positiv zu von 0 bis ∞, und es ist $\tang 3R = \infty$;
= = 3R und 4R nehmen negativ ab von ∞ bis 0, und es ist $\tang 4R = 0$;

IV. Die Cotangenten

der Winkel zwischen 0 und R nehmen positiv ab von ∞ bis 0,
und es ist cotang $0 = \infty$, cotg $R = 0$,
" " " R und 2R nehmen negativ zu von 0 bis ∞,
und es ist cotg $2R = \infty$,
" " " 2R und 3R nehmen positiv ab von ∞ bis 0,
und es ist cotg $3R = 0$
" " " 3R und 4R nehmen negativ zu von 0 bis ∞,
und es ist cotg $4R = \infty$

Die Zusammenstellung des Vorhergehenden giebt folgende tabellarische Uebersicht:

	0	x	R	2R − x	2R	2R + x	3R	4R − x	4R
Sinus	0	+	1	+	0	−	−1	−	0
Cosinus	1	+	0	−	−1	−	0	+	+1
Tangens	0	+	∞	−	0	+	∞	−	0
Cotang	∞	+	0	−	∞	+	0	−	∞

§. 21. Lehrsatz.

Sind z und v beliebige Winkel, so ist

1. $\sin(z + v) = \sin z \cos v + \cos z \sin v$
2. $\cos(z + v) = \cos z \cos v - \sin z \sin v$
3. $\sin(z - v) = \sin z \cos v - \cos z \sin v$
4. $\cos(z - v) = \cos z \cos v + \sin z \sin v$

Beweis. 1. Es seien (Fig. 13.) v und z spitze Winkel und $v + z < 2R$. Man fälle von dem beliebigen Punkte B des Schenkels AB die Senkrechte BF auf AD und auf AC die Senkrechte BC, ziehe durch C zu AD die Parallele CG und zu BF die Parallele CD. Weil nun in den Dreiecken ACD und BGC, $\angle ADC = \angle BGC = R$ und $\angle BCG = \angle ACD$, da $\angle BCA = \angle GCD$, also auch $\angle BCA - \angle GCA = GCD - GCA$, d. i. $\angle BCG = \angle ACD$; so ist auch $\angle GBC = \angle CAD = v$. Nun ist

$$\sin(v + z) = \frac{BF}{AB}$$

folglich, da $BF = BG + GF = BG + CD$

$$\sin(v + z) = \frac{FG + BG}{AB} = \frac{FG}{AB} + \frac{BG}{AB} = \frac{CD}{AB} + \frac{BG}{AB}.$$

Es ist aber $\frac{CD}{AB} = \frac{CD}{AC} \cdot \frac{AC}{AB}$, folglich da $\frac{CD}{AC} = \sin v$, und $\frac{AC}{AB} = \cos z$: $\frac{CD}{AB} = \sin v \cdot \cos z$.

Ebenso ist $\frac{BG}{AB} = \frac{BG}{BC} \cdot \frac{BC}{AB}$, folglich da $\frac{BG}{BC} = \cos v$, und $\frac{BC}{AB} = \sin z$, $\frac{BG}{AB} = \cos v \cdot \sin z$,

mithin $\sin(v + z) = \frac{CD}{AB} + \frac{BG}{AB} = \sin v \cdot \cos z + \cos v \cdot \sin z$.

2. Es ist $\cos(v + z) = \frac{AF}{AB} = \frac{AD - FD}{AB} = \frac{AD - GC}{AB} = \frac{AD}{AB} - \frac{GC}{AB}$.

Nun ist $\frac{AD}{AB} = \frac{AD}{AC} \cdot \frac{AC}{AB} = \cos v \cdot \cos z$

$\frac{GC}{AB} = \frac{GC}{BC} \cdot \frac{BC}{AB} = \sin v \cdot \sin z$,

folglich $\cos(v + z) = \frac{AD}{AB} - \frac{GC}{AB} = \cos v \cos z - \sin v \sin z$.

II. Sind z und v spitze Winkel, $z + v$ aber $> R$, so fälle (Fig. 14.) man wieder von B des Schenkels AB, BC senkrecht auf AC und BF senkrecht auf AD, welche letztere, da $\angle BAD = z + v$ größer als R ist, die Verlängerung des Schenkels AD in F trifft; dann ziehe man durch C $CD \parallel BC$, und $CG \parallel FD$. In den Dreiecken BGC und ACD ist wieder:

$\angle BGC = \angle CDA = R$

$\angle BCG = \angle ACD$,

weil $\angle BCA = \angle GCD = R$, folglich, wenn man von beiden $\angle GCA$ abzieht, $\angle BCA - \angle GCA = \angle GCD - \angle GCA$, d. i. $\angle BCG = \angle ACD$, und daher $\triangle BGC \sim \triangle ACD$ und $\angle GBC = \angle CAD = \angle v$.

Nun ist 1) $\sin(v + z) = \frac{BF}{AB} = \frac{FG + GB}{AB} = \frac{CD + GB}{AB}$

$= \frac{CD}{AB} + \frac{GB}{AB}$

$$\frac{CD}{AB} = \frac{CD}{AC} \cdot \frac{AC}{AB} = \sin v \cdot \cos z$$

$$\frac{GB}{AB} = \frac{GB}{BC} \cdot \frac{BC}{AB} = \cos v \cdot \sin z$$

folglich: $\sin (v + z) = \frac{CD}{AB} + \frac{GB}{AB} = \sin v \cos z + \cos v \sin z.$

2) Es ist $\cos (z + v) = -\frac{FA}{AB} = -\frac{FD - AD}{AB}$

$$= -\frac{FD}{AB} + \frac{AD}{AB}$$

$$= -\frac{GC}{AB} + \frac{AD}{AB}$$

Nun ist $\frac{GC}{AB} = \frac{GC}{BC} \cdot \frac{BC}{AB} = \sin v \cdot \sin z$

$$\frac{AD}{AB} = \frac{AD}{AC} \cdot \frac{AC}{AB} = \cos v \cdot \cos z,$$

folglich $\cos (z + v) = -\frac{GC}{AB} + \frac{AD}{AB} = \cos z \cos v - \sin z \sin v.$

III. Ist die Gültigkeit der Formeln 1. und 2. für spitze Winkel z und v, selbst wenn deren Summe größer, als R ist, erwiesen, so läßt sich folgendermaßen noch die Gültigkeit dieser Formeln für jeden beliebigen Winkel z und v beweisen.

Es sei zunächst $z > R$, und $v < R$ und $z = R + x$, so ist
$\sin (z + v) = \sin (R + x + v) = \cos (x + v)$ (§. 14.);
da hierin x und v spitze Winkel sind, so ist
$\cos (x + v) = \cos x \cos v - \sin x \sin v.$ (I. und II.)

Nun ist $\left.\begin{array}{l} \cos x = \sin (R + x) = \sin z \\ \sin x = -\cos (R + x) = -\cos z \end{array}\right\}$ (§. 14.)

folglich $\cos (x + v) = \sin (z + v) = \sin z \cos v + \cos z \sin v.$

Ebenso ist $\cos (z + v) = \cos (R + x + v) = -\sin (x + z)$
Da x und v hierin spitze Winkel sind, so ist (I. und II.)
$\sin (x + v) = \sin x \cos v + \cos x \sin v.$
folglich $\cos (z + v) = -\sin x \cos v - \cos x \sin v$

Nun ist $\left.\begin{array}{l} \sin x = -\cos (R + x) = -\cos z \\ \cos x = \sin (R + x) = \sin z \end{array}\right\}$ (§. 14.)

mithin $\cos (z + v) = \cos z \cos v - \sin z \sin v$

Gelten demnach die Formeln 1. und 2., wenn z und v spitze Winkel sind, so gelten sie auch für $(R + z + v)$, folglich auch für $(2R + z + v)$, $(3R + z + v)$, überhaupt für $(nR + z + v)$ d. h. sie gelten, wenn z ein ganz beliebiger, und v ein spitzer Winkel ist. Dann aber gelten sie aus denselben Gründen auch für

$z + (R + v)$, $z + (2R + v)$, überhaupt für $z + (nR + v)$ d. h. die Formeln 1. und 2. gelten überhaupt für jeden beliebigen Werth der Winkel z und v.

IV. Um $\sin(z - v)$ zu finden, setze man in

$$\sin(z + v) = \sin z \cdot \cos v + \cos z \cdot \sin v$$
$$\cos(z + v) = \cos z \cdot \cos v - \sin z \cdot \sin v$$

$z + v = x$, und daher $z = x - v$, so ist

$$1)\ \sin x = \sin(x - v) \cdot \cos v + \cos(x - v) \cdot \sin v$$
$$2)\ \cos x = \cos(x - v) \cdot \cos v - \sin(x - v) \cdot \sin v$$

Multiplizirt man die erstere Gleichung mit $\cos v$, die 2te mit $\sin v$ so erhält man:

$$\sin x \cos v = \sin(x - v) \cos^2 v + \cos(x + v) \sin v \cos v$$
$$\cos x \cos v = \cos(x - v) \cos v \sin v - \sin(x - v) \sin^2 v$$

zieht man die letztere Gleichung von der erstern ab, so entsteht

$\sin x \cos v - \cos x \sin v = \sin(x - v)\,[\cos^2 v + \sin^2 v]$,

folglich, da $\cos^2 v + \sin^2 v = 1$ ist,

$$\sin(x - v) = \sin x \cos v - \cos x \sin v$$

V. Multiplizirt man die Gleichung 1) mit $\sin v$, und 2) mit $\cos v$, so entsteht

$\sin x \sin v = \sin(x - v) \cos v \sin v + \cos(x - v) \sin^2 v$

$\cos x \cos v = \cos(x - v) \cos^2 v - \sin(x - v) \sin v \cos v$

und addirt man beide, so erhält man:

$\cos x \cos v + \sin x \sin v = \cos(x - v)\,[\cos^2 v + \sin^2 v]$

folglich, da $\cos^2 v + \sin^2 v = 1$ ist:

$$\cos(x - v) = \cos x \cos v + \sin x \sin v.$$

§. 25.

Setzt man in

$$\sin(z + v) = \sin z \cos v + \cos z \sin v$$
$$\cos(z + v) = \cos z \cos v - \sin z \cos v$$

$z = v$, so findet man:

$$1.\ \sin 2z = 2 \sin z \cos z$$
$$2.\ \cos 2z = \cos^2 z - \sin^2 z.$$

woraus sich die Funktionen des doppelten, überhaupt des 2n fachen Winkels finden lassen, wenn die des einfachen Winkels gegeben sind.

Setzt man in 2) $\cos^2 z = 1 - \sin^2 z$, so ergiebt sich

$$3.\ \cos.2z = 1 - 2 \sin^2 z$$

und setzt man in 2) $\sin^2 z = 1 - \cos^2 z$, so findet man

$$4.\ \cos 2z = 2 \cos^2 z - 1$$

Die Gleichungen 3. und 4. lassen sich benutzen, um die Functionen des halben Winkels zu finden, wenn sin oder cos des ganzen Winkels gegeben ist.

Aus 3) folgt nehmlich:

$$5.\ \sin z = \sqrt{\frac{1 - \cos 2z}{2}}$$

Aus 4) folgt:

$$6.\ \cos z = \sqrt{\frac{1 + \cos 2z}{2}}$$

Setzt man in 5) und 6) $2z = x$, und daher $z = \frac{1}{2}x$, so erhält man

$$7.\ \sin \tfrac{1}{2}x = \sqrt{\frac{1 - \cos x}{2}}$$

$$8.\ \cos \tfrac{1}{2}x = \sqrt{\frac{1 + \cos x}{2}}$$

§. 26.

Addirt man die Gleichungen

$$a)\ \sin (z + v) = \sin z \cos v + \cos z \sin v$$

$$b)\ \sin (z + v) = \sin z \cos v - \cos z \sin v$$

so ergiebt sich:

$$\sin (z + v) + \sin (z - v) = 2 \sin z \cos v$$

Setzt man hierin $z + v = x$

$z - v = y$,

so ist $z = \frac{1}{2} (x + y)$

$v = \frac{1}{2} (x - y)$

folglich 1) $\sin x + \sin y = 2 \sin \frac{1}{2} (x + y) \cos \frac{1}{2} (x - y)$

Subtrahirt man dagegen b) von a), so findet man:

$$\sin (z + v) - \sin (z - v) = 2 \cos z \sin v$$

oder 2) $\sin x - \sin y = 2 \cos \frac{1}{2} (x + y) \sin \frac{1}{2} (x - y)$

Addirt man ebenso die Gleichungen:

$$c)\ \cos(z+v) = \cos z \cos v - \sin z \sin v$$

$$d)\ \cos(z-v) = \cos z \cos v + \sin z \sin v$$

so erhält man:

$$\cos(z+v) + \cos(z-v) = 2 \cos z \cos v$$

oder 3) $\cos x + \cos y = 2 \cos \frac{1}{2}(x+y) \sin \frac{1}{2}(x-y)$

Subtrahirt man dagegen c) von d), so ergiebt sich

$$\cos(z-v) - \cos(z+v) = 2 \sin z \sin v$$

oder 4) $\cos y - \cos x = 2 \sin \frac{1}{2}(x+y) \sin \frac{1}{2}(x-y)$

Die Formeln 1), 2), 3), 4) dieses § können dazu dienen, um Summen und Differenzen zweier Sinus oder zweier Cosinus in Produkte zu verwandeln.

§. 27. Aufgabe.

Die Tangente und Cotangente der Summe oder Differenz zweier Winkel zu finden, wenn die Tangenten und Cotangenten der einzelnen Winkel bekannt sind.

Auflösung. 1. Es ist $\text{tang}(x+y) = \frac{\sin(x+y)}{\cos(x+y)} = \frac{\sin x \cos y + \cos x \sin y}{\cos x \cos y - \sin x \sin y}$

Dividirt man Zähler und Nenner des letztern Ausdrucks durch $\cos x \cdot \cos y$, so findet man:

$$\text{tang}(x+y) = \frac{\frac{\sin x \cdot \cos y}{\cos x \cdot \cos y} + \frac{\cos x \cdot \sin y}{\cos x \cdot \cos y}}{1 - \frac{\sin x \cdot \sin y}{\cos x \cdot \cos y}}$$

$$= \frac{\text{tg}\, x + \text{tg}\, y}{1 - \text{tg}\, x\ \text{tg}\, y}$$

2. Es ist $\text{cotang}(x+y) = \frac{\cos(x+y)}{\sin(x+y)} = \frac{\cos x \cos y - \sin x \sin y}{\sin x \cos y + \cos x \sin y}$

Dividirt man Zähler und Nenner des letztern Ausdrucks mit $\sin x \sin y$, so erhält man:

$$\text{cotang}(x+y) = \frac{\text{cotg}\, x\ \text{cotg}\, y - 1}{\text{cotg}\, x + \text{cotg}\, y}$$

Auf ähnlichem Wege findet man

3. $\tan g\,(x - y) = \dfrac{tg\,x - tg\,y}{1 + tg\,x\,tg\,y}$

4. $\cot ang\,(x - y) = \dfrac{cotg\,x\,cotg\,y + 1}{cotg\,x - cotg\,y}$

§. 28. Zusatz.

Setzt man in 1) und 2) des vorhergehenden §. y = x, so ist

5) $\tan g\,2x = \dfrac{2\,tg\,x}{1 - tg^2 x}$

6. $\cot ang\,2x = \dfrac{cotg^2 x - 1}{2\,cotg\,x.}$

§. 29.

Zusammenstellung aller in den vorhergehenden §§. entwickelten Formeln.

1. $\sin\,(2R - v) = \sin v.$ (§. 7.)
2. $\cos\,(2R - v) = -\cos v.$
3. $\tan g\,(2R - v) = -\tan g\,v.$
4. $\cot ang\,(2R - v) = -\cot ang\,v.$
5. $\sin\,(2R + v) = -\sin v.$
6. $\cos\,(2R + v) = -\cos v.$
7. $\tan g\,(2R + v) = \tan g\,v.$
8. $\cot ang\,(2R + v) = \cot ang\,v.$
9. $\sin\,(4R - v) = -\sin v.$
10. $\cos\,(4R - v) = \cos v.$
11. $\tan g\,(4R - v) = -\tan g\,v.$
12. $\cot ang\,(4R - v) = -\cot ang\,v.$
13. $\sin\,(4nR + v) = \sin v.$ (§. 10.)
14. $\cos\,(4nR + v) = \cos v.$
15. $\tan g\,(4nR + v) = \tan g\,v.$
16. $\cot ang\,(4nR + v) = \cot ang\,v.$
17. $\sin\,[(4n + 2)\,R - v] = \sin v.$
18. $\cos\,[(4n + 2)\,R - v] = -\cos v.$
19. $\tan g\,[(4n + 2)\,R - v] = -\tan g\,v.$
20. $\cot ang\,[(4n + 2)\,R - v] = -\cot ang\,v.$
21. $\sin\,[(4n + 2)\,R + v] = -\sin v.$
22. $\cos\,[(4n + 2)\,R + v] = -\cos v.$
23. $\tan g\,[(4n + 2)\,R + v] = \tan g\,v.$

24. $\text{cotang}[(4n+2)R+v] = \text{cotang}\,v.$
25. $\sin(R-v) = \cos v.$ (§. 13.)
26. $\cos(R-v) = \sin v.$
27. $\text{tang}(R-v) = \text{cotang}\,v.$
28. $\text{cotang}(R-v) = \text{tang}\,v.$
29. $\sin(R+v) = \cos v.$ (§. 14.)
30. $\cos(R+v) = -\sin v.$
31. $\text{tang}(R+v) = -\text{cotang}\,v.$
32. $\text{cotang}(R+v) = -\text{tang}\,v.$
33. $\sin(3R+v) = -\cos v.$
34. $\cos(3R+v) = \sin v.$
35. $\text{tang}(3R+v) = -\text{cotang}\,v,$
36. $\text{cotang}(3R+v) = -\text{tang}\,v.$
37. $\sin[(4n+1)R+v] = \cos v.$ (§. 15.)
38. $\cos[(4n+1)R+v] = -\sin v.$
39. $\text{tang}[(4n+1)R+v] = -\text{cotang}\,v.$
40. $\text{cotang}[(4n+1)R+v] = -\text{tang}\,v.$
41. $\sin[(4n+3)R+v] = -\cos v.$
42. $\cos[(4n+3)R+v] = \sin v.$
43. $\text{tang}[(4n+3)R+v] = -\text{cotang}\,v.$
44. $\text{cotang}[(4n+3)R+v] = -\text{tang}\,v.$
45. $\sin(-z) = -\sin z.$ (§. 17.)
46. $\cos(-z) = \cos z.$
47. $\text{tang}(-z) = -\text{tang}\,z.$
48. $\text{cotang}(-z) = -\text{cotang}\,z.$
49. $\text{tang}\,z = \frac{\sin z}{\cos z}.$ (§. 18.)
50. $\text{cotang}\,z = \frac{\cos z}{\sin z}.$
51. $\sin^2 z + \cos^2 z = 1.$ (§. 19.)
52. $\sin z = \sqrt{1-\cos^2 z}.$ (§. 20.)
53. $\cos z = \sqrt{1-\sin^2 z}.$
54. $\sin 0 = 0.$ (§. 21.)
55. $\cos 0 = 1.$
56. $\text{tang}\,0 = 0.$
57. $\text{cotang}\,0 = \infty.$
58. $\sin R = 1.$

59. $\cos R = 0.$
60. $\tang R = \infty.$
61. $\cotang R = 0.$
62. $\sin 2R = 0.$
63. $\cos 2R = -1.$
64. $\tang 2R = 0.$
65. $\cotang 2R = -\infty.$
66. $\sin 3R = -1.$
67. $\cos 3R = 0.$
68. $\tang 3R = \infty.$
69. $\cotang 3R = 0.$
70. $\sin 4R = 0.$
71. $\cos 4R = 1.$
72. $\tang 4R = 0.$
73. $\cotang 4R = \infty.$
74. $\sin(v+z) = \sin z \cos v + \cos z \sin v$ (§. 24.)
75. $\cos(v+z) = \cos v \cos z - \sin z \sin z$
76. $\sin(z-v) = \sin z \cos v - \cos z \sin v$
77. $\cos(z-v) = \cos v \cos z + \sin v \sin z$
78. $\sin 2z = 2 \sin z \cos z$ (§. 25.)
79. $\cos 2z = \cos^2 z - \sin^2 y,$
80. $\cos 2z = 1 - 2\sin^2 z.$
81. $\cos 2z = 2\cos^2 z - 1.$
82. $\sin z = \sqrt{\frac{1 - \cos 2z}{2}}.$
83. $\cos z = \sqrt{\frac{1 + \cos 2z}{2}}.$
84. $\sin \frac{1}{2} x = \sqrt{\frac{1 - \cos x}{2}}.$
85. $\cos \frac{1}{2} x = \sqrt{\frac{1 + \cos x}{2}}.$
86. $\sin x + \sin y = 2 \sin \frac{1}{2}(x+y) \cos \frac{1}{2}(x-y).$ (§. 26.)
87. $\sin x + \sin y = 2 \cos \frac{1}{2}(x+y) \sin \frac{1}{2}(x-y).$
88. $\cos x + \cos y = 2 \cos \frac{1}{2}(x+x) \cos \frac{1}{2}(x-y).$
89. $\cos x - \cos y = 2 \sin \frac{1}{2}(x+y) \sin \frac{1}{2}(y-x).$
90. $\tang(x+y) = \frac{\operatorname{tg} x + \operatorname{tg} y}{1 - \operatorname{tg} x . \operatorname{tg} y}.$ (§. 27.)

91. $\operatorname{cotang}(x+y) = \frac{\operatorname{cotg} x \operatorname{cotg} y - 1}{\operatorname{cotg} x + \operatorname{cotg} y}$.

92. $\operatorname{tang}(x-y) = \frac{\operatorname{tg} x - \operatorname{tg} y}{1 + \operatorname{tg} x . \operatorname{tg} y}$.

93. $\operatorname{cotang}(x-y) = \frac{\operatorname{cotg} x \operatorname{cot} y + 1}{\operatorname{cotg} x - \operatorname{cotg} y}$.

94. $\operatorname{tang} 2x = \frac{2 \operatorname{tg} x}{1 - \operatorname{tg}^2 x}$. (§. 28.)

95. $\operatorname{cotang} 2x = \frac{\operatorname{cotg}^2 x - 1}{2 \operatorname{cotg} x}$.

§. 30.

Durch die Gleichungen §. 29. ist man in den Stand gesetzt, die trigonometrischen Funktionen aller Winkel zu berechnen, wenn nur die Funktionen einiger Winkel unmittelbar gefunden werden können.

1. Man findet den Sinus von 30° auf folgende Weise. Fällt man aus dem Scheitel B (Fig. 15.) eines gleichseitigen Dreiecks ABC auf AC eine Senkrechte BD, so ist in dem rechtw. Dreieck ADB

$$\frac{AD}{AB} = \sin ABD = \sin 30^\circ.$$

Nun ist $AB = 2AD$, folglich

$$\frac{AD}{2AD} = \tfrac{1}{2} = \sin 30^\circ,$$

demnach $\cos 30^\circ = \sqrt{1-\tfrac{1}{4}} = \sqrt{\tfrac{3}{4}} = \tfrac{1}{2}\sqrt{3} = 0{,}8660254.$

2. Der Sinus von 45° wird gefunden aus einem rechtwinkligen gleichschenklichen Dreieck. Ist (Fig. 16.) $\triangle ABC$ ein solches Dreieck, so ist $AB = AC$ und $\angle C = 45^\circ$, folglich

$$\frac{BA}{BC} = \sin 45^\circ = \cos 45^\circ.$$

Es ist aber $BC^2 = AB^2 + AC^2 = 2BA^2 = 2AC^2$, daher

$$BC = BA\sqrt{2},$$

folglich $$\frac{BA}{BC} = \frac{BA}{BA\sqrt{2}} = \frac{1}{\sqrt{2}} = \tfrac{1}{2}\sqrt{2} = 0{,}7071068..$$

3. Den Sinus von 18° findet man aus einem gleichschenklichen Dreiecke, in welchem jeder Winkel an der Basis das Doppelte des Winkels am Scheitel ist. Der Winkel am Scheitel eines solchen

Dreiecks ist 36°. Es sei demnach (Fig. 17.) ABC ein solches Dreieck, und BD senkrecht auf AC gezogen, dann ist

$$\angle ABD = \tfrac{1}{2} \angle ABC = 18^\circ$$

und $$\frac{AD}{AB} = \sin 18^\circ.$$

Nun findet man aus planimetrischen Gründen, wenn AC = 2x und AB = r ist, die Seite AC aus r, wenn man AB nach dem goldnen Schnitt theilt; d. h. es verhält sich:

$$r : 2x = 2x : r - x.$$

Hieraus folgt: $$4x^2 = r^2 - 2rx$$

$$4x^2 + 2rx = r^2$$

$$x^2 + \tfrac{1}{2}rx = \frac{r^2}{4}$$

$$x = -\frac{r}{4} + \sqrt{\frac{r^2}{4} + \frac{r^2}{16}}$$

$$= \frac{-r + r\sqrt{5}}{4} = r\left(\frac{-1+\sqrt{5}}{4}\right),$$

daher $$\sin 18^\circ = \frac{x}{r} = \frac{-1+\sqrt{5}}{4} = 0{,}3090170.$$

Aus dem Sinus eines Winkels lassen sich die übrigen Winkel-Funktionen eines Winkels berechnen, und durch zweckmäßige Anwendung der angeführten Formeln auch nach und nach die Funktionen aller übrigen Winkel finden, und die Werthe dieser Funktionen in Tafeln zusammenstellen. Solche Tafeln sind berechnet worden; man kann daher vermittelst dieser trigonometrischen Tafeln jede der Funktionen eines gegebenen Winkels, und umgekehrt aus der gegebenen Funktion eines Winkels diesen selbst nach Graden, Minuten und Sekunden finden. Einrichtung und Gebrauch dieser Tafeln sind in der Einleitung derselben auseinandergesetzt.

Zweiter Abschnitt.

Berechnung der Dreiecke.

A. Berechnung der rechtwinkligen Dreiecke.

§. 31. Erklärung.

Da in jedem rechtwinkligen Dreieck der rechte Winkel als bekannt anzusehen ist, so dürfen zur Bestimmung desselben nur noch zwei Stücke gegeben sein, unter denen wenigstens eine Seite sein muß.

§. 22. Aufgabe.

Aus der Hypotenuse und einem spitzen Winkel eines rechtw. Dreiecks die übrigen Stücke und den Inhalt des Dreiecks zu finden.

Auflösung. Es sei (Fig. 18.) ABC das bei C rechtw. Dreieck und B und A die beziehlich den Seiten a und b gegenüberliegenden Winkel, h die Hypotenuse.

Es sei demnach gegeben h, $\angle B$; zu finden: $\angle A$, a, b, J.

Es ergiebt sich sogleich:

$$\angle A = 90^\circ - B.$$

Ferner ist (§. 3.) $\sin B = \frac{b}{h}$, folglich:

$$1)\quad b = h \sin B.$$

Eben deßhalb ist auch $\cos B = \frac{a}{h}$, folglich:

$$2)\quad a = h \cos B.$$

Der Inhalt J des Dreiecks ABC ist

$$\frac{ab}{2}.$$

Setzt man statt a und b die gefundenen Werthe, so entsteht:

$$3)\quad J = \frac{h^2 \sin B \cos B}{2},$$

z. B. $h = 3456{,}75'$ $\angle B = 54^\circ\, 22'\, 55{,}6''$

1) $\angle A = 90^\circ - 54^\circ 22' 55{,}6'' = 35^\circ 37'\ 4{,}4''$

2) $\log b = \log h + \log \sin B$

$\log b = \log 3456{,}75 + \log \sin 54^\circ 22' 55{,}66''$

$\log 3456{,}75 = 3{,}5386680$

$\log \sin 54^\circ 22' 55{,}6'' = 0{,}9100473 - 1$

$\log b = 3{,}4487153$

$b = 2810{,}058'$.

3) $a = h \cos B$

$\log a = \log h + \log \cos B$

$\log a = \log 3456{,}75 + \log \cos 54^\circ 22' 55{,}6''$

$\log 3456{,}75 = 3{,}5386680$

$\log \cos 54^\circ 22' 55{,}6'' = 0{,}7652034 - 1$

$\log a = 3{,}3038714$

$a = 2013{,}128$.

4) $J = \frac{h^2 \sin B \cos B}{2}$

$\log J = 2 \log h + \log \sin B + \log \cos B - \log 2 =$
$2 \log 3456{,}75 + \log \sin 54^\circ 22' 55{,}6'' +$
$\log \cos 54^\circ 22' 55{,}6'' - \log 2.$

$2 \log 3456{,}75 \quad = 7{,}0773360$
$\log \sin 54^\circ 22' 55{,}6'' = 0{,}9100413 - 1$
$\log \cos 54^\circ 22' 55{,}6'' = 0{,}7652034 - 1$
$6{,}7525867$
$\log 2 = 0{,}3010300$
$\log J = 6{,}4515567$
$J = 2828503{,}..\,\square'$

§. 23. Aufgabe.

Aus einer Kathete und einem spitzen Winkel die übrigen Stücke und den Inhalt des Dreiecks zu berechnen.

Gegeben: a, $\angle$B.

Gesucht: h, b, $\angle$A, J.

Auflösung. Man findet sogleich 1) $\angle A = 90^\circ - B$. Ferner ist

$$\frac{a}{h} = \cos B = \sin A \text{ (§. 3.)}$$

folglich $a = h \cos B = h \sin A$

$$\text{und } 2)\ h = \frac{a}{\cos B} = \frac{a}{\sin A}.$$

Endlich ist $\frac{b}{a} = \operatorname{tg} B$ (§. 3).

folglich 3) $b = a \operatorname{tg} B$.

Der Inhalt des $\triangle$ABC ist 4) $J = \frac{ab}{2} = \frac{a^2 \operatorname{tg} B}{2}$.

Beispiel: $a = 1834{,}76'$; $B = 76^\circ 55' 6''$

1) $\angle A = 90^\circ - 76^\circ 55' 6'' = 13^\circ 4' 54''$

2) $h = \frac{a}{\cos B}$

$\log h = \log a - \log \cos B$
$= \log 1834{,}76 - \log \cos 76^\circ 55' 6''$

$\log 1834{,}76 = 3{,}2635793$
$\log \cos 76^\circ 55' 6'' = 0{,}3547606 - 1$
$\log h = 3{,}9088187$
$h = 8106{,}225$

3) $b = a \operatorname{tg} B$

$\log b = \log a + \log \operatorname{tg} B$

$= \log 1834{,}76 + \log \operatorname{tg} 76^0 55' 6''$

$\log 1834{,}76 = 3{,}2635793$

$\log \operatorname{tg} 76^0 55' 6'' = 0{,}6338199$

$\log b = 3{,}8973992$

$b = 7895{,}855$

4) $J = \frac{a^2 \operatorname{tg} B}{2}$

$\log J = 2 \log a + \log \operatorname{tg} B - \log 2$

$= 2 \log 1834{,}76 + \log \operatorname{tg} 76^0 55' 6'' - \log 2$

$2 \log 1834{,}76 = 6{,}5271586$

$\log \operatorname{tg} 76^0 55' 6'' = 0{,}6338199$

$7{,}1609785$

$\log 2 = 0{,}3010300$

$\log J = 6{,}8599485$

$J = 7243500\square'$

§. 34. Aufgabe.

Aus der Hypotenuse und einer Kathete die übrigen Stücke und den Inhalt des Dreiecks zu berechnen. (Fig. 18.)

Gegeben: h, a.

Gesucht: b, $\angle B$, $\angle A$, J.

Auflösung. 1) Nach dem Pythagoräischen Lehrsatze ist

$$h^2 = a^2 + b^2$$

folglich

$$b^2 = h^2 - a^2$$

und daher $b = \sqrt{h^2 - a^2} = \sqrt{(h + a)(h - a)}$.

2) Aus §. 3 ergiebt sich sofort:

$$\frac{a}{h} = \cos B = \sin A$$

3) Ist $\angle B$ gefunden, so ist dann

$$\angle A = 90^0 - B.$$

4) Endlich ist $J = \frac{ab}{2} = \frac{a\sqrt{(h + a)(h - a)}}{2}$.

Beispiel: $h = 376{,}8'$; $a = 324{,}36'$.

1) $b = \sqrt{(h + a)(h - a)}$

$$\log b = \frac{\log(h + a) + \log(h - a)}{2}$$

$$= \frac{\log 701{,}16 + \log 52{,}44}{2}$$

$$\log 701{,}16 = 2{,}8458171$$
$$\log 52{,}44 = 1{,}7196627$$
$$\overline{4{,}5654798}$$
$$\log b = 2{,}2827399$$
$$b = 191{,}752$$

2) $\cos B = \frac{a}{h}$

$$\log \cos B = \log a - \log h = \log 324{,}36 - \log 376{,}8$$
$$\log 324{,}36 = 2{,}5110273$$
$$\log 376{,}8 = 2{,}5761109$$
$$\log \cos B = 0{,}9349164 - 1$$
$$B = 30^\circ 35' 25{,}14''$$

3) $\angle A = 59^\circ 24' 34{,}86''$

4) $J = \frac{ab}{2} = \frac{a\sqrt{(h + a)(h - a)}}{2}$

$$\log J = \log a + \log b - \log 2$$
$$\log 324{,}36 = 2{,}5110273$$
$$\log 191{,}752 = 2{,}2827399$$
$$\overline{4{,}7937672}$$
$$\log 2 = 0{,}3010300$$
$$\log J = 4{,}4927372$$
$$J = 31098{,}33 \ldots \square'$$

§. 35. Aufgabe.

Aus den beiden Katheten eines rechtwinkligen Dreiecks die übrigen Stücke und den Inhalt des Dreiecks zu berechnen. (Fig. 18.)

Gegeben: a, b,

Gesucht: $\angle A$, $\angle B$, h, J.

Auflösung. 1) Nach dem Pythagoräischen Lehrsatze ist $h^2 = a^2 + b^2$, also

$$h = \sqrt{a^2 + b^2}$$

2. Aus §. 3. folgt: $\frac{b}{a} = \text{tang } B = \text{cotg. } A.$

3. Ist $\binom{B}{A}$ gefunden, so ergiebt sich $\binom{A = 90^0 - B}{B = 90^0 - A}$.

4. Endlich ist $J = \frac{ab}{2}$.

Anmerkung. Da die Hypotenuse nach der Formel $h = \sqrt{a^2 + b^2}$ nicht bequem mit Hülfe der Logarithmen zu berechnen ist, so kann man auch erst einen der spitzen Winkel A oder B, und dann mit dessen Hülfe die Hypotenuse nach §. 33 berechnen.

Beispiel. $a = 1415,69'$; $b = 843,07'$.

1. $h = \sqrt{a^2 + b^2}$

$$\begin{aligned}
\log a &= \log 1415,69 = 3,1509681 \\
\log a^2 &= 2 \log 1415,69 = 6,3019362 \\
a^2 &= 2004177,.. \\
\log b &= \log 843,07 = 2,9258636 \\
\log b^2 &= 2 \log 843,07 = 5,8517272 \\
b^2 &= 710767,.. \\
a^2 + b^2 &= 2715044,.. \\
\log 2715044 &= 6,4337768 \\
\log \sqrt{a^2 + b^2} &= 3,2168884 \\
h = \sqrt{a^2 + b^2} &= 1647,739
\end{aligned}$$

2. $\frac{b}{a} = \text{tang } B$

$$\begin{aligned}
\log b - \log a &= \log \text{tang } B \\
\log 843,07 - \log 1415,69 &= \log \text{tang } B \\
\log 843,07 &= 2,9258636 \\
\log 1415,69 &= 3,1509681 \\
\log \text{tang } B &= 0,7748955 - 1 \\
B &= 30^0 46' 28,5''
\end{aligned}$$

3. $\angle A = 90^0 - 30^0\, 46'\, 28,5'' = 59^0\, 13'\, 31,5''$.

4. $J = \frac{ab}{2}$

$\log J = \log a + \log b - \log 2 = \log 1415,69 + \log 843,07 - \log 2.$

$$\log 1415{,}69 = 3{,}1509681$$
$$\log 843{,}07 = 2{,}9258636$$
$$6{,}0768317$$
$$\log 2 = 0{,}3010300$$
$$\log J = 5{,}7758017$$
$$J = 596762{,}7 \ldots \square'$$

B. Berechnung der schiefwinkligen Dreiecke.

§. 36. Lehrsatz.

In jedem Dreieck verhalten sich je zwei Seiten, wie die Sinus der gegenüberliegenden Winkel.

Behauptung. Werden (Fig. 19) die drei Seiten des Dreiecks ABC mit a, b, c, und die denselben beziehlich gegenüberliegenden Winkel mit A, B, C bezeichnet, so ist $a : b : c = \sin A : \sin B : \sin C$.

Beweis. Man fälle von B auf AC die Senkrechte BD, so ist in dem rechtwinkligen Dreieck ABD:

$$BD = c \sin A \quad (\S.\ 32.)$$

und in dem rechtwinkligen Dreieck BDC:

$$BD = a \sin C \quad (\S.\ 32.)$$

folglich $c \sin A = a \sin C$. Hieraus ergiebt sich aber:

$$a : c = \sin A : \sin C.$$

Fällt man aus C auf AB eine Senkrechte, so ergiebt sich auf demselben Wege:

$$a : b = \sin A : \sin B.$$

Fällt man endlich von A auf BC eine Senkrechte, so erhält man:

$$b : c = \sin B : \sin C.$$

§. 37. Zusatz.

Fällt eine oder die andere Senkrechte, wie etwa BD (Fig. 20), außerhalb des Dreiecks ABC, so ist in dem rechtwinkligen Dreieck ABD:

$$BD = c.\ \sin A.$$

und in dem rechtwinkligen Dreieck BCD:

$$BD = a \sin BCD.$$

Weil aber $\sin BCD = \sin (180^\circ - BCD) = \sin C$ (§. 7.) ist, wenn unter C der Winkel ACB verstanden wird, so ist auch

$$BD = a \sin C$$

und daher $c \sin A = a \sin C$, woraus, wie oben, folgt:

$$a : c = \sin A : \sin C.$$

§. 38. Lehrsatz.

In jedem Dreieck verhält sich die Tangente der halben Summe zweier Winkel zur Tangente der halben Differenz dieser Winkel, wie die Summe der gegenüberliegenden Seite zur Differenz derselben.

Behauptung. $\tan \frac{1}{2}(A + B) : \tan \frac{1}{2}(A - B) = a + b : a - b.$

Beweis. In jedem Dreieck verhält sich (§. 36.)

$$1)\ \sin A : \sin B = a : b$$

folglich auch 2) $\sin A + \sin B : \sin A - \sin B = a + b : a - b.$

Nun ist nach §. 26.

$$\sin A + \sin B = 2 \sin \tfrac{1}{2}(A + B) \cos \tfrac{1}{2}(A - B)$$
$$\sin A - \sin B = 2 \sin \tfrac{1}{2}(A - B) \cos \tfrac{1}{2}(A + B).$$

Setzt man diese Ausdrücke statt $\sin A + \sin B$ und statt $\sin A - \sin B$ in die Proportionen 2) so erhält man:

3) $2 \sin \frac{1}{2}(A + B) \cos \frac{1}{2}(A - B) : 2 \sin \frac{1}{2}(A - B) \cos \frac{1}{2}(A + B) = a + b : a - b.$

Dividirt man die Glieder des ersten Verhältnisses durch $2 \cos \frac{1}{2}(A + B) \cos \frac{1}{2}(A - B)$, so erhält man:

$$4)\ \frac{\sin \frac{1}{2}(A + B)}{\cos \frac{1}{2}(A + B)} : \frac{\sin \frac{1}{2}(A - B)}{\cos \frac{1}{2}(A - B)} = a + b : a - b,$$

das heißt 5) $\tan \frac{1}{2}(A + B) : \tan \frac{1}{2}(A - B) = a + b : a - b$ (§. 18.)

§. 39. Lehrsatz.

In jedem Dreieck ist das Quadrat jeder Seite gleich der Summe der Quadrate der beiden andern Seiten weniger dem doppelten Produkte aus diesen beiden Seiten und dem Cosinus des eingeschlossenen Winkels. (Fig. 19.)

Behauptung: $a^2 = b^2 + c^2 - 2bc \cos A$
$$b^2 = a^2 + c^2 - 2ab \cos C$$
$$c^2 = a^2 + b^2 - 2ab \cos C$$

Beweis. Fällt man von B auf AC die Senkrechte BD, so ist in dem rechtwinkligen Dreieck ABD:

1) $AD = c \cos A$ (§. 32.)

und in dem rechtwinkligen Dreieck BDC:

2) $DC = a \cos C$ (§. 32.)

folglich 3) $AD + DC = b = a \cos C + c \cos A.$

Fällt man von A auf BC eine Senkrechte, so erhält man auf demselben Wege:

4) $c = a \cos B + b \cos A$

und fällt man von C auf AB eine Senkrechte, so findet man:

5) $a = c \cos B + b \cos C$

Multiplizirt man die Gleichung 3) mit b, 4) mit c, und 5) mit a, so entsteht:

6) $b^2 = ab \cos C + bc \cos A$

7) $c^2 = ac \cos B + bc \cos A$

8) $a^2 = ac \cos B + ab \cos C.$

Addirt man die Gleichungen 6) und 7) und zieht man von der Summe die Gleichung 8) ab, so erhält man:

9) $b^2 + c^2 - a^2 = 2bc \cos A$

und hieraus folgt:

10) $a^2 = b^2 + c^2 - 2bc \cos A.$

Addirt man die Gleichungen 7) und 8), und zieht man dann von der Summe die Gleichung 6) ab, so entsteht:

11) $a^2 + c^2 - b^2 = 2ac \cos B$

folglich 12) $b^2 = a^2 + c^2 - 2ab \cos B.$

Addirt man endlich die Gleichungen 6) und 8), und subtrahirt man dann von der Summe die Gleichung 7), so ergiebt sich:

13) $a^2 + b^2 - c^2 = 2ab \cos C.$

folglich 14) $c^2 = a^2 + b^2 - 2ab \cos C.$

§. 40. Zusatz.

Ist das Dreieck ABC (Fig. 20.) stumpfwinklig, so fallen zwei der Senkrechten außerhalb, wie z. B. BD. Dann aber ist in dem rechtwinkligen Dreieck ABD:

$$AD = c \cos A$$

und in dem rechtwinkligen Dreieck BCD:

$$CD = a \cos BCD.$$

Nun ist $b = AD - CD = c \cos A - a \cos BCD$. Es ist aber $\cos BCD = -\cos(180^\circ - BCD)$ (§. 7.) $= -\cos C$, wenn unter C der Winkel ACB verstanden wird; folglich

$$b = c \cos A + a \cos C.$$

Die Gleichungen 3), 4) und 5) gelten demnach allgemein, auch wenn zwei der Senkrechten außerhalb des Dreiecks fallen, folglich auch 10), 12) und 14).

§. 41. Aufgabe.

Aus einer Seite und zwei Winkeln eines Dreiecks die übrigen Stücke und den Inhalt des Dreiecks zu berechnen. (Fig. 19.)

Gegeben: a, B, C.

Gesucht: A, b, c, J.

Auflösung 1. Da $A + B + C = 180°$, so ergiebt sich

$$A = 180° - (B + C).$$

2. Da $\sin A : \sin B = a : b$ (§. 36.), so ist

$$b = \frac{a \sin B}{\sin A}.$$

3. Weil $\sin A : \sin C = a : c$ (§. 36.), so ist

$$c = \frac{a \sin C}{\sin A}.$$

4. Um den Inhalt J des Dreiecks ABC zu berechnen, fälle man von A auf die Seite a die Senkrechte $AD = h$, so ist in dem rechtwinkligen Dreieck ABD

$$AD = h = c \sin B,$$

folglich, weil (3) $c = \frac{a \sin C}{\sin A}$,

$$h = \frac{a \sin B \sin C}{\sin A}.$$

Nun ist $J = \frac{h \cdot a}{2}$, daher $J = \frac{a^2 \sin B \sin C}{2 \sin A}$.

Beispiel. $a = 1546{,}33$; $B = 62° 43' 55''$; $C = 53° 22' 37''$.

1. $A = 180° - (B + C) = 180° - 116° 6' 32'' = 63° 53' 28''$.

2. $b = \frac{a \sin B}{\sin A}$.

$\log b = \log a + \log \sin B - \log \sin A = \log 1546{,}33 + \log \sin 62° 43' 55'' - \log \sin 63° 53' 28''$

$$\begin{aligned}
\log 1546{,}33 &= 3{,}1893022 \\
\log \sin 62^\circ\, 43'\, 55'' &= 0{,}9488392 - 1 \\
\hline
& \ 3{,}1381414 \\
\log \sin 63^\circ\, 53'\, 28'' &= 0{,}9532567 - 1 \\
\hline
\log b &= 3{,}1848847 \\
b &= 1530{,}681\ldots
\end{aligned}$$

3. $c = \dfrac{a \sin C}{\sin A}$

$\log c = \log a + \log \sin C - \log \sin A = \log 1546{,}33 + \log \sin 53^\circ\, 22'\, 37'' - \log \sin 63^\circ\, 53'\, 28''$

$$\begin{aligned}
\log 1546{,}33 &= 3{,}1893022 \\
\log \sin 53^\circ\, 22'\, 37'' &= 0{,}9044870 - 1 \\
\hline
& \ 3{,}0937892 \\
\log \sin 63^\circ\, 53'\, 28'' &= 0{,}9532567 - 1 \\
\hline
\log c &= 3{,}1405325 \\
c &= 1382{,}077\ldots
\end{aligned}$$

4. $J = \dfrac{a^2 \sin B \sin C}{2 \sin A}$

$\log J = 2 \log a + \log \sin B + \log \sin C - \log \sin A - \log 2$

$$\begin{aligned}
2 \log 1546{,}33 &= 6{,}3786044 \\
\log \sin 62^\circ\, 43'\, 55'' &= 0{,}9488396 - 1 \\
\log \sin 53^\circ\, 22'\, 37'' &= 0{,}9044870 - 1 \\
\hline
& \ 6{,}2319310 \\
\log \sin 63^\circ\, 53'\, 28'' &= 0{,}9532567 - 1 \\
\hline
& \ 6{,}2786743 \\
\log 2 &= 0{,}3010300 \\
\hline
\log J &= 5{,}9776443 \\
J &= 949826{,}4\ldots \square'
\end{aligned}$$

§. 42. Aufgabe.

Aus zwei Seiten und dem eingeschlossenen Winkel eines Dreiecks die übrigen Stücke und den Inhalt desselben zu finden.

Gegeben: a, b, C.

Gesucht: A, B, c, J.

Auflösung. 1. Man bestimme zuerst die Winkel A und B auf folgende Weise. Es ist $A + B + C = 180^\circ$, folglich $A + B = 180^\circ - C$. Nun ist (§. 38.):

$$\tan \tfrac{1}{2}(A+B) : \tan \tfrac{1}{2}(A-B) = a + b : a - b.$$

Weil aber $\frac{1}{2}(A + B) = \frac{1}{2}(180^\circ - C) = 90^\circ - \frac{1}{2}C$, und daher $\operatorname{tg} \frac{1}{2}(A+B) = \operatorname{cotg} \frac{1}{2}C$, so ist

$$\operatorname{cotg} \tfrac{1}{2}C : \operatorname{tg} \tfrac{1}{2}(A-B) = a + b : a - b;$$

Hieraus ergiebt sich:

$$\operatorname{tg} \tfrac{1}{2}(A - B) = \frac{a - b}{a + b} \operatorname{cotg} \tfrac{1}{2} C.$$

Hierdurch findet man $\frac{1}{2}(A - B)$ und aus $A + B = 180^\circ - C$ auch $\frac{1}{2}(A + B) = 90^\circ - \frac{1}{2}C$.

Dann aber ist

$$\tfrac{1}{2}(A + B) + \tfrac{1}{2}(A - B) = A$$
$$\tfrac{1}{2}(A + B) - \tfrac{1}{2}(A - B) = B$$

2. Sind die Winkel A und B gefunden, so erhält man aus der Proportion:

$$\sin A : \sin C = a : c$$

die Seite $c = \dfrac{a \sin C}{\sin A}$.

Anmerkung. Man kann auch die Seite c finden aus der Gleichung (§. 39.)

$$c^2 = a^2 + b^2 - 2ab \cos C$$

woraus folgt:

$$c = \sqrt{(a^2 + b^2 - 2ab \cos C)}$$

Weil aber diese Formel für die logarithmische Berechnung unbequem ist, so zieht man, wenn es blos auf die numerische Bestimmung der Seite c ankommt, obige Berechnungsweise vor.

3. Fällt man aus B auf die Seite b die Senkrechte $BD = h$, so ist in dem rechtwinkligen Dreieck BDC

$$h = a \sin C,$$

folglich der Inhalt J des Dreiecks ABC

$$J = \frac{h \cdot b}{2} = \frac{ab \sin C}{2}.$$

Beispiel. $a = 678$, $b = 429$, $C = 53^\circ 18'$.

1. $\tan \frac{1}{2}(A - B) = \dfrac{a - b}{a + b} \operatorname{cotg} \frac{1}{2}C = \dfrac{249}{1107} \operatorname{cotg} 26^\circ 39'$

$\log \tan \frac{1}{2}(A - B) = \log 249 - \log 1107 + \log \operatorname{cotg} 26^\circ 39'$.

$$\log 249 = 2{,}3961993$$
$$\log 1107 = 3{,}0441476$$
$$0{,}3520517 - 1$$
$$\log \operatorname{cotg} 26^\circ 39' = 0{,}2994220$$
$$\log \operatorname{tang} \tfrac{1}{2}(A - B) = 0{,}6514737 - 1$$
$$\tfrac{1}{2}(A - B) = 24^\circ 8' 31''$$
$$\tfrac{1}{2}(A + B) = 90^\circ - \tfrac{1}{2}C = 63^\circ 21$$
$$A = \tfrac{1}{2}(A + B) + \tfrac{1}{2}(A - B) = 87^\circ 29' 31''$$
$$B = \tfrac{1}{2}(A + B) - \tfrac{1}{2}(A - B) = 39^\circ 12' 29''$$

2. $$c = \frac{a \sin C}{\sin A} = \frac{678 \sin 53^\circ 18'}{\sin 87^\circ 29' 31''}$$
$$\log c = \log 678 + \log \sin 53^\circ 18 - \log \sin 87^\circ 29' 31''$$
$$\log 678 = 2{,}8312297$$
$$\log \sin 53^\circ 18' = 0{,}9040529 - 1$$
$$2{,}7352826$$
$$\log \sin 87^\circ 29' 31'' = 0{,}9995838 - 1$$
$$\log c = 2{,}7356988$$
$$c = 544{,}1251\ldots$$

3. $$J = \frac{ab \sin C}{2} = \frac{678 \cdot 429 \cdot \sin 53^\circ 18'}{2}$$
$$\log J = \log 678 + \log 429 + \log \sin 53^\circ 18' - \log 2$$
$$\log 678 = 2{,}8312297$$
$$\log 429 = 2{,}6324573$$
$$\log \sin 53^\circ 18' = 0{,}9040529 - 1$$
$$5{,}3677399$$
$$\log 2 = 0{,}3010300$$
$$\log J = 5{,}0667099$$
$$J = 116603{,}0\ldots$$

§. 23. Aufgabe.

Aus zwei Seiten und dem der größern Seite gegenüberliegenden Winkel die übrigen Stücke und den Inhalt des Dreiecks zu finden. (Fig. 21.)

Gegeben: a, b, A, a > b.

Gesucht: c, B, C, J.

Auflösung: Da sich verhält (§. 36.):

$$a : b = \sin A : \sin B,$$

so ergiebt sich 1) $\sin B = \frac{b \sin A}{a}$.

Ist hieraus B gefunden, so erhält man

2) $C = 180^\circ - (A + B)$

und aus der Proportion

$$a : c = \sin A : \sin C \text{ (§. 36.)}$$

3) $c = \frac{a \sin C}{\sin A}$

Der Inhalt J wird gefunden aus der Formel (§. 42.):

4) $J = \frac{ab \sin C}{2}$

Beispiel $a = 5394'$, $b = 4876'$, $A = 56^\circ 30'$

1) $\sin B = \frac{b \sin A}{a} = \frac{4876 \sin 56^\circ 30'}{5394}$

$$\log \sin B = \log 4876 + \log \sin 56^\circ 30' - \log 5394.$$

$$\log 4876 = 3,6880637$$

$$\log \sin 56^\circ 30' = 0,9211066 - 1$$

$$3,6091703$$

$$\log 5394 = 3,7319109$$

$$\log \sin B = 0,8772594 - 1$$

$$B = 48^\circ 55' 16''$$

2) $C = 180^\circ - (A + B) = 74^\circ 34' 44''$

3) $c = \frac{a \sin C}{\sin A} = \frac{5394 \cdot \sin 74^\circ 34' 44''}{\sin 56^\circ 30'}$

$$\log c = \log 5394 + \log \sin 74^\circ 34' 44'' - \log \sin 56^\circ 30'$$

$$\log 5394 = 3,7319109$$

$$\log \sin 74^\circ 34' 44'' = 0,9840759 - 1$$

$$3,7159868$$

$$\log \sin 56^\circ 30' = 0,9211066 - 1$$

$$\log c = 3,7948802$$

$$c = 6235,63.$$

3) $J = \frac{ab \sin C}{2} = \frac{5394 \cdot 4876 \sin 74^\circ 34' 44''}{2}$

$$\log J = \log 5394 + \log 4876 + \log \sin 74^\circ 34' 44'' - \log 2$$

$$\log 5394 = 3{,}7319109$$
$$\log 4876 = 3{,}6880637$$
$$\log\sin 74^\circ 34' 44'' = 0{,}9840759 - 1$$
$$7{,}4040505$$
$$\log 2 = 0{,}3010300$$
$$\log J = 7{,}1030205$$
$$J = 1267712,\ldots$$

Anmerkung. Sind zwei Seiten und der der kleinern Seite gegenüberliegende Winkel gegeben, so giebt es im Allgemeinen, wie in der ebenen Geometrie nachgewiesen wird, zwei verschiedene Dreiecke, welche der Aufgabe entsprechen. Dasselbe Resultat ergiebt sich aus der trigonometrischen Berechnung eines solchen Dreiecks. Denn wäre $a = 5394'$, $b = 4876$ und $B = 48^\circ 55' 16''$ gegeben, so würde sich aus der Proportion:

$$a : b = \sin A : \sin B$$

ergeben $\sin A = \frac{a \sin B}{b}$.

Die Berechnung giebt:

$$\log 5394 = 3{,}7319109$$
$$\log\sin 48^\circ 55' 16'' = 0{,}8772594 - 1$$
$$3{,}6091703$$
$$\log 4876 = 3{,}6880637$$
$$\log\sin A = 0{,}9211066 - 1.$$

Da nun zu A und zu $180^\circ - A$ derselbe Sinus gehört, so kann der logarithmisch-trigonometrischen Function $0{,}9211066 - 1$ eben sowohl der Winkel

$56^\circ 30'$

als $123^\circ 30'$ entsprechen.

Nimmt man $A = 56^\circ 30'$, so ist $C = 180^\circ - (A + B) = 74^\circ 34' 44''$ und daher, wie oben, $c = 6235{,}34$. Nimmt man aber $A = 123^\circ 30'$, so ist $C = 180^\circ - (A + B) = 7^\circ 34' 44''$, und daher ergiebt sich aus

$$c = \frac{a \sin C}{\sin A} = \frac{5395 \sin 7^\circ 34' 44''}{\sin 123^\circ 30'}$$

ein anderer Werth von c, nämlich:

$$\begin{aligned}\log 5394 &= 3{,}7319109 \\ \log \sin 7^\circ 34' 44'' &= \underline{0{,}1202156 - 1} \\ &\quad 2{,}8521265 \\ \log \sin 123^\circ 30' &= \underline{0{,}9211066 - 1} \\ \log c &= 2{,}9310199 \\ c &= 853{,}1392\end{aligned}$$

§. 44. Aufgabe.

Aus den drei Seiten eines Dreiecks die drei Winkel und den Inhalt desselben zu finden.

Gegeben: a, b, c,

Gesucht: A, B, C, J.

Auflösung. Nach §. 39 ist

$$a^2 = b^2 + c^2 - 2bc \cos A.$$

Hieraus ergiebt sich

$$1)\ \cos A = \frac{b^2 + c^2 - a^2}{2bc}.$$

Ebenso findet man aus den Gleichungen

$$b^2 = a^2 + c^2 - 2ac \cos B$$

$$c^2 = a^2 + b^2 - 2ab \cos C$$

$$2)\ \cos B = \frac{a^2 + c^2 - b^2}{2ac}.$$

$$3)\ \cos C = \frac{a^2 + b^2 - c^2}{2ab}.$$

Da die Formeln 1), 2) und 3) für die logarithmische Berechnung nicht bequem sind, so kann man sich statt derselben anderer Ausdrücke bedienen, welche sich aus obigen, wie folgt, ableiten lassen.

1. Man addire 1 zu beiden Seiten der Gleichung:

$$\cos A = \frac{b^2 + c^2 - a^2}{2bc},$$

dies giebt: $1 + \cos A = \frac{2bc + b^2 + c^2 - a^2}{2bc}$;

oder da $2bc + b^2 + c^2 = (b + c)^2$ ist:

$$1 + \cos A = \frac{(b + c)^2 - a^2}{2bc}.$$

Es ist aber $(b + c)^2 - a^2 = (b + c + a)\,(b + c - a)$, mithin

$$1 + \cos A = \frac{(b + c + a)\,(b + c - a)}{2bc}.$$

Endlich ist noch $1 + \cos A = 2\cos^2 \frac{1}{2} A$ (§. 25.), folglich

$$\cos^2 \tfrac{1}{2} A = \frac{(b+c+a)(b+c-a)}{4bc}$$

und daher 4) $\cos \frac{1}{2} A = \frac{1}{2}\sqrt{\frac{(b+c+a)(b+c-a)}{bc}}$.

Ebenso findet man aus 2) und 3)

$$5)\ \cos \tfrac{1}{2} B = \tfrac{1}{2}\sqrt{\frac{(a+b+c)(a-b+c)}{ac}}$$

$$6)\ \cos \tfrac{1}{2} C = \tfrac{1}{2}\sqrt{\frac{(a+b+c)(a+b-c)}{ab}}.$$

Läßt man die 4 unter dem Wurzelzeichen, zerlegt man sie in $2 \cdot 2$, und setzt man jede 2 als Divisor unter einen Factor des Dividendus, so ist

$$\cos \tfrac{1}{2} A = \sqrt{\frac{\frac{(b+c+a)}{2}\,\frac{(b+c-a)}{2}}{bc}}.$$

Bezeichnet man die halbe Summe der drei Seiten $\frac{a+b+c}{2}$ mit s, so ist $\frac{b+c-a}{2} = s-a$, $\frac{a-b+c}{2} = s-b$, $\frac{a+b-c}{2} = s-c$, und es gehen die Formeln 4), 5), 6) über in

$$7)\ \cos \tfrac{1}{2} A = \sqrt{\frac{s(s-a)}{bc}}$$

$$8)\ \cos \tfrac{1}{2} B = \sqrt{\frac{s(s-c)}{ac}}$$

$$9)\ \cos \tfrac{1}{2} C = \sqrt{\frac{s(s-c)}{ab}}.$$

2. Zieht man die Gleichung:

$$\cos A = \frac{b^2 + c^2 - a^2}{2bc}$$

von $1 = 1$ ab, so erhält man:

$$1 - \cos A = 1 - \frac{b^2 + c^2 - a^2}{2bc} = \frac{2bc - b^2 - c^2 + a^2}{2ab},$$

folglich da $1 - \cos A = 2\sin^2 \frac{1}{2} A$ (§. 25.) und $2bc - b^2 - c^2 + a^2 = a^2 - (b^2 + c^2 - 2bc) = a^2 - (b-c)^2$ ist

$$2\sin^2 \tfrac{1}{2} A = \frac{a^2 - (b-c)^2}{2bc}$$

und endlich, weil $a^2 - (b-c)^2 = (a+b-c)(a-b+c)$ ist,

$$\sin^2 \tfrac{1}{2} A = \frac{(a+b-c)(a-b+c}{4bc}.$$

daher: 10) $\sin \tfrac{1}{2} A = \tfrac{1}{2} \sqrt{\frac{(a+b-c)(a-b+c)}{bc}}.$

Auf demselben Wege ergiebt sich dann auch:

11) $\sin \tfrac{1}{2} B = \tfrac{1}{2} \sqrt{\frac{(-a+b+c)(a+b-c)}{ac}}$

12) $\sin \tfrac{1}{2} C = \tfrac{1}{2} \sqrt{\frac{(-a+b+c)(a-b+c)}{ab}}.$

Setzt man wieder $\tfrac{1}{2}(a+b+c) = s$, so ist:

13) $\sin \tfrac{1}{2} A = \sqrt{\frac{(s-b)(s-c)}{bc}}$

14) $\sin \tfrac{1}{2} B = \sqrt{\frac{(s-a)(s-c)}{ac}}$

15) $\sin \tfrac{1}{2} C = \sqrt{\frac{(s-a)(s-b)}{ab}}.$

3. Multiplizirt man Gleichung 4) mit Gleichung 10), so erhält man:

$$\sin \tfrac{1}{2} A \cos \tfrac{1}{2} A = \sqrt{\frac{(b+c+a)(b+c-a)(a-b+c)(a+b-c)}{4bc}}$$

Multiplizirt man noch beiderseits mit 2, und setzt $\sin A$ statt $2 \sin \tfrac{1}{2} A \cos \tfrac{1}{2} A$, so ist:

16) $\sin A = \frac{\sqrt{(a+b+c)(-a+b+c)(a-b+c)(a+b-c)}}{2bc},$

oder wenn man $\tfrac{1}{2}(a+b+c) = s$ setzt, und zu diesem Zweck den Factor 2 des Nenners unter das Wurzelzeichen bringt, Zähler und Nenner mit 4 multiplizirt, den Nenner 16 des Radicanden in $2 \cdot 2 \cdot 2 \cdot 2$ zerlegt und jeden Factor 2 unter einen Factor des Dividenden setzt:

17) $\sin A = \frac{2 \sqrt{s(s-a)(s-b)(s-c)}}{bc}.$

4. Der Inhalt des Dreiecks (a, b, c) ergiebt sich

$$J = \frac{bc \sin A}{2}, \text{ (§. 42.)}$$

folglich, wenn man statt sin A den gefundenen Werth 17) setzt:

18) $J = \sqrt{s(s-a)(s-b)(s-c)}$.

Beispiel. $a = 36{,}52$; $b = 48{,}34$; $c = 18{,}0339$.

Mit Anwendung von Formel 4) des §. 44 ergiebt sich

1) $\cos \frac{1}{2} A = \sqrt{\frac{s(s-a)}{bc}} = \sqrt{\frac{51{,}44695 \cdot 14{,}92695}{48{,}34 \cdot 18{,}0339}}$.

$\log \cos \frac{1}{2} A = \frac{1}{2} [\log 51{,}44695 + \log 14{,}92695 - \log 48{,}34 - \log 18{,}0339]$

$$
\begin{array}{lrl}
\log 51{,}44695 & = & 1{,}7113597 \\
\log 14{,}92695 & = & 1{,}1739711 \\
 & & 2{,}8853398 \\
\log 48{,}34 & = & 1{,}6843066 \\
 & & 1{,}2010242 \\
\log 18{,}0339 & = & 1{,}2560897 \\
 & & 0{,}9449345 - 1 \\
\log \cos \frac{1}{2} A & \overset{2)}{=} & 0{,}9724672 - 1 \\
\frac{1}{2} A & = & 20^{\circ}\, 11'\, 13'' \\
A & = & 40^{\circ}\, 22'\, 26''
\end{array}
$$

2) $\cos \frac{1}{2} B = \sqrt{\frac{s(s-b)}{ac}} = \sqrt{\frac{51{,}44695 \cdot 3{,}10695}{36{,}52 \cdot 18{,}0339}}$

$\log \cos \frac{1}{2} B = \frac{1}{2} [\log 51{,}44695 + \log 3{,}10695 - \log 36{,}52 - \log 18{,}0339]$

$$
\begin{array}{lrl}
\log 51{,}44695 & = & 1{,}7113597 \\
\log 3{,}10695 & = & 0{,}4923343 \\
 & & 2{,}2036940 \\
\log 36{,}52 & = & 1{,}5625308 \\
 & & 0{,}6411632 \\
\log 18{,}0339 & = & 1{,}2560897 \\
 & & 0{,}3850735 - 1 \\
\log \cos \frac{1}{2} B & \overset{2)}{=} & 0{,}6925367 - 1 \\
\frac{1}{2} B & = & 60^{\circ}\, 29'\, 7'' \\
B & = & 120^{\circ}\, 58'\, 14''.
\end{array}
$$

3) $C = 180^{\circ} - (A + B) = 18^{\circ}\, 39'\, 20''$.

4) $J = \sqrt{51{,}44695 \cdot 14{,}92695 \cdot 3{,}10695 \cdot 33{,}41305}$

$\log J = \frac{1}{2} [\log 51{,}44695 + \log 14{,}92695 + \log 3{,}10695 + \log 33{,}41305]$

$$\log 51{,}44695 = 1{,}7113597$$
$$\log 14{,}92695 = 1{,}1739711$$
$$\log 3{,}10695 = 0{,}4923343$$
$$\log 33{,}41305 = 1{,}5239162$$
$$4{,}9015813$$
$$2)\overline{\phantom{4{,}9015813}}$$
$$\log J = 2{,}4507906$$
$$J = 282{,}3518.$$

C. Einige Anwendungen der Trigonometrie in der Vermessungskunst.

§. 45. Aufgabe.

Die Entfernung zweier Oerter A u. B, welche wegen Hindernissen direct nicht meßbar ist, trigonometrisch zu bestimmen. (Fig. 22.)

1. Fall. Wenn beide Oerter zugänglich sind.

Auflösung. Man nehme in der Ebene, in welcher A und B liegen, einen dritten Punkt C an, messe AC und CB und den Winkel ACB, so sind zwei Seiten und der von diesen eingeschlossene Winkel des Dreiecks ABC bekannt, aus denen dann AB nach §. 42 zu berechnen ist.

Anmerkung. Da man in diesem Falle nur die Seite AB zu finden hat, nach der in §. 42 gegebenen Auflösung aber hierzu die Winkel A und B berechnet werden müssen, so kann man die dritte Seite AB auch nach §. 39 berechnen.

Man erhält mit Anwendung dieses Satzes:

$$AB = \sqrt{[AC^2 + BC^2 - 2AC \cdot BC \cdot \cos ACB]}.$$

Um diese Formel für die logarithmische Berechnung bequemer zu machen, sei AC = a, BC = b, so ist

$$AB = \sqrt{a^2 + b^2 - 2ab \cos C}.$$

Nach §. 25 ist $\sin \frac{1}{2} C = \sqrt{\frac{1 - \cos C}{2}}$.

Hieraus ergiebt sich

$$1 - 2\sin^2 \tfrac{1}{2} C = \cos C.$$

Setzt man demnach $1 - 2\sin^2 \frac{1}{2} C$ in obigen Ausdruck, so ist

$$AB = \sqrt{a^2 + b^2 - 2(1 - 2\sin^2 \tfrac{1}{2} C)\, ab}$$
$$= \sqrt{a^2 + b^2 - 2ab + 4ab \sin^2 \tfrac{1}{2} C}.$$
$$= \sqrt{(a-b)^2 + 4ab \sin^2 \tfrac{1}{2} C},$$

wofür man auch schreiben kann:

$$AB = \sqrt{(a-b)^2\left[1+\frac{4ab\sin^2\frac{1}{2}C}{(a-b)^2}\right]}$$

$$=(a-b)\sqrt{\left(1+\frac{4ab\sin^2\frac{1}{2}C}{(a-b)^2}\right)}.$$

Da die Tangenten alle Werthe von 0 bis ∞ durchlaufen, so giebt es einen Winkel φ, dessen $\tang = \frac{2\sin\frac{1}{2}C}{a-b}\sqrt{ab}$ ist, und der vermittelst der Tafeln gefunden werden kann.

Setzt man demnach $\tang^2\varphi$ statt $\frac{4ab\sin^2\frac{1}{2}C}{(a-b)^2}$, so ist

$$AB = (a-b\sqrt{1+\tang^2\varphi},$$

oder wenn man $\frac{\sin^2\varphi}{\cos^2\varphi}$ statt $\tang^2\varphi$ setzt:

$$AB = (a-b)\sqrt{\left(1+\frac{\sin^2\varphi}{\cos^2\varphi}\right)};$$

endlich, wenn man die 1 auf den Nenner $\cos^2\varphi$ bringt,

$$AB = (a-b)\sqrt{\frac{\cos^2\varphi+\sin^2\varphi}{\cos^2\varphi}} = \frac{a-b}{\cos\varphi}.$$

Beispiel. $AC = b = 114{,}75'$, und $BC = a = 189'$, $C = 107^\circ\,48'$.

Dann ist $\tang\varphi = \frac{2\sin\frac{1}{2}C}{a-b}\sqrt{ab} = \frac{2\sin 53^\circ\,54'}{74{,}25}\sqrt{189.114{,}75}$

$$\log\tang\varphi = \log 2 + \log\sin 53^\circ\,54' - \log 74{,}25 + \tfrac{1}{2}\,[\log 189 + \log 114{,}75]$$

$$\begin{array}{rl}
\log 2 = & 0{,}3010300 \\
\log\sin 53^\circ\,54' = & 0{,}9074059 - 1 \\
\hline
 & 0{,}2084359 \\
\log 74{,}25 = & 1{,}8706965 \\
\hline
 & 0{,}3377394 - 2 \\
\hline
\log 189 = & 2{,}2764618 \\
\log 114{,}75 = & 2{,}0597527 \\
\hline
 & 4{,}3362145 \\
2) & \overline{} \\
 & 2{,}1681072 \\
\hline
\log\tang\varphi = & 0{,}5058466 \\
\varphi = & 72^\circ\,40'20''
\end{array}$$

$$AB = \frac{74{,}25}{\cos 72^\circ\,40'29''}$$

$$\log AB = \log 74{,}25 - \log \cos 72^0\,40'20''$$
$$\log 74{,}25 = 1{,}8706965$$
$$\log \cos 72^0\,40'20'' = 0{,}4739767 - 1$$
$$\log AB = 2{,}3967169$$
$$AB = 249{,}297.$$

2ter Fall. Wenn nur einer der beiden Oerter zugänglich ist.

Auflösung. Es sei von den beiden Oertern A und B nur A zugänglich. Man messe dann AC = a, und in C u. A die Winkel C und A, dann ergiebt sich aus dem Dreieck ACB:

$$AB = a\,\frac{\sin C}{\sin(A + C)}.$$

Z. B. Ist $a = 738'$, $A = 31^0\,5'$ und $C = 24^0\,16'13''$ so ist

$$AB = \frac{738 \cdot \sin 24^0\,16'13''}{\sin 55^0\,21'13''}$$
$$AB = 368{,}734'.$$

3ter Fall. Wenn keiner der beiden Oerter A und B zugänglich ist. (Fig. 23 und 24.)

Man nehme in der Umgegend eine grade Linie (Standlinie oder Basis) an, soviel als möglich entweder parallel der zu bestimmenden Entfernung, oder diese senkrecht durchschneidend. Man messe die gewählte Standlinie CD = b, in C die Winkel ACD = C, und BCD = c, und in D die Winkel CDB = D und CDA = d. Dann ist in dem Dreieck ACD bekannt: CD, $\angle C$, $\angle d$,

folglich $x : b = \sin d : \sin(C + d)$

$$x = \frac{b \cdot \sin d}{\sin(C + d)}.$$

Ebenso läßt sich aus dem Dreieck CDB, in welchem CD, $\angle c$, $\angle D$ bekannt sind, CB = y finden. Man hat:

$$y = \frac{b \cdot \sin D}{\sin(D + c)}.$$

Nun sind in dem Dreieck ACB bekannt:

$$x,\ y,\ \angle ACB = C - c,$$

folglich $AB = \sqrt{x^2 + y^2 - 2xy\cos(C - c)}$.

Beispiel. Es sei $b = 750'$ und $C = 110^0$, $D = 117^0\,30'$
$c = 37^0 40'$, $d = 38^0 20'$.

Dann ist $x = \dfrac{750 \cdot \sin 38^0\,20'}{\sin 31^0\,40'}$

$$\log 750 = 2{,}8750613$$
$$\log \sin 38^\circ 10' = 0{,}7925566 - 1$$
$$\overline{2{,}6676179}$$
$$\log \sin 38^\circ 40' = 0{,}7201399 - 1$$
$$\log x = 2{,}9474780$$
$$x = 886{,}09'$$
$$y = \frac{750 . \sin 117^\circ 30'}{\sin 24^\circ 50'}$$
$$\log 750 = 2{,}8750613$$
$$\log \sin 117^\circ 30' = 0{,}9479289 - 1$$
$$\overline{2{,}8229902}$$
$$\log \sin 24^\circ 50' = 0{,}6232287 - 1$$
$$\log y = 3{,}1997815$$
$$y = 1584{,}023'$$

AB = 1562,807′ (vergleiche die Berechnung von AB im ersten Falle.)

§. 46. Aufgabe.

Aus drei ihrer Lage nach bekannten Orten A, B, C, und aus den Winkeln, welche die Entfernungen dieser Orte von einem vierten Orte D in diesem mit einander bilden, die Lage dieses vierten Ortes in Beziehung auf jene zu finden.*) (Fig. 25.)

Auflösung. I. Da die Lage der drei Orte A, B, C, gegeben ist, so ist $AB = a$, $BC = b$ und $\angle ABC = \alpha$ bekannt; ferner ist $\angle ADB = \beta$ und $\angle BDC = \gamma$ gegeben. Es ist zunächst $\angle BAD = x$ zu finden; dann ist $\angle BCD = 360^\circ - (\alpha + \beta + \gamma + x)$ oder, wenn man der Kürze wegen

$\alpha + \beta + \gamma = \delta$ setzt, $\angle BCD = 360^\circ - (\delta + x)$.

Nun ist in dem Dreieck ABD:

---

*) Diese Aufgabe ist unter dem Namen: Pothenot'sche Aufgabe, oder trigonometrisches Rückwärtseinschneiden nach drei Punkten bekannt, und in der Feldmeßkunst von Wichtigkeit.

$$a : BD = \sin\beta : \sin x$$

und $$BD = \frac{a \sin x}{\sin\beta}$$

Ferner ist in dem Dreieck BCD:

$$b : BD = \sin\gamma : \sin BCD$$

und $$BD = \frac{b \sin BCD}{\sin\gamma} = -\frac{b \sin(\delta + x)}{\sin\gamma},$$

folglich $$\frac{a \sin x}{\sin\beta} = -\frac{b \sin(\delta + x)}{\sin\gamma};$$

oder, weil $\sin(\delta + x) = \sin\delta \cos x + \cos\delta \sin x$ ist,

$$\frac{a \sin x}{\sin\beta} = -\frac{b}{\sin\gamma}(\sin\delta \cos x + \cos\delta \sin x).$$

Multiplizirt man beiderseits mit $\frac{\sin\beta}{a}$, so ist

$$\sin x = -\frac{b \sin\beta}{a \sin\gamma}(\sin\delta \cos x + \cos\delta \sin x).$$

Dividirt man beide Seiten durch $\cos x$, so ist

$$\tang x = -\frac{b \,.\, \sin\beta}{a \sin\gamma}(\sin\delta + \cos\delta \,.\, \tang x),$$

hieraus ergiebt sich:

$$\tang x = -\frac{b \sin\beta \sin\delta}{a \sin\gamma + b \sin\beta \cos\delta}.$$

Um diese Formel zur Berechnung mit Logarithmen bequemer zu machen, nehme man

$$\tang y = \frac{b \sin\beta \sin\delta}{a \sin\gamma}.$$

Dann ist $$a \sin\gamma = \frac{b \sin\beta \sin\delta}{\tang y} = \frac{b \sin\beta \sin\delta \cos y}{\sin y},$$

mithin $$\tang x = \frac{-b \sin\beta \sin\delta}{\frac{b \sin\beta \sin\delta \cos y}{\sin y} + b \sin\beta \cos\delta} =$$

$$\frac{-\sin\delta}{\frac{\sin\delta \cos y}{\sin y} + \cos\delta}.$$

Multiplizirt man Zähler und Nenner des letzten Ausdrucks mit $\sin y$ so erhält man:

$$\operatorname{tang} x = \frac{-\sin\delta \sin y}{\sin\delta \cos y + \cos\delta \sin y} = -\frac{\sin\delta \sin y}{\sin(\delta + y)}.$$

Ist hieraus $\angle x$ gefunden, so ergiebt sich aus $\triangle ABD$:

$$AD = \frac{a \sin(\beta + x)}{\sin\beta}$$

$$BD = \frac{a \sin x}{\sin\beta}.$$

In dem $\triangle DBC$ ist endlich $\angle DBC = \alpha - ABD$; und

$$ABD = 180^0 - (\beta + x),$$

also $\angle DBC = \alpha - [180^0 - (\beta + x)] = \alpha + \beta + x - 180^0$

$$= -[180^0 - (\alpha + \beta + x)],$$

daher $\sin DBC = \sin - [180^0 - (\alpha + \beta + x)] =$

$$-\sin [180^0 - (\alpha + \beta + x)] = -\sin(\alpha + \beta + x).$$

Nun ist $DC : b = \sin DBC : \sin\gamma$,

folglich $DC = \frac{b \sin DBC}{\sin\gamma} = -\frac{b \sin(\alpha + \beta + x)}{\sin\gamma}$.

Liegt der Punkt D mit dem Punkte B auf einerlei Seite von AC, so muß der convexe Winkel ABC oder $360^0 - \alpha$ genommen werden. Ebenso ergiebt sich die richtige Lage des Punktes D, wenn er innerhalb des Dreiecks ABC liegt, durch gehörige Berücksichtigung der Zeichen der trigonometrischen Functionen. Liegt endlich D auf der Peripherie des Kreises, welcher durch A, B, C geht, so ist die Aufgabe unbestimmt, weil dann $\alpha + \beta + \gamma = \delta = 2R$, mithin $\sin\delta = 0$ ist.

Beispiel. $a = 1153{,}7$, $b = 849{,}430'$

$\alpha = 112^0 25'$, $\beta = 27^0 31'$, $\gamma = 19^0 14'$.

Man findet $\angle x = 90^0 25' 42''$

$AD = 2095{,}59$

$BD = 2485{,}951$,

$DC = 2121{,}56'$.

D. Anwendung der Trigonometrie auf Höhenmessungen.

§. 47. Aufgabe.

Die Höhe eines Gegenstandes (Thurmes oder Berges) zu finden, dessen Fuß unzugänglich ist.

Auflösung. Denkt man sich durch die zu findende Höhe eine Verticalebene gelegt, so wird diese die Ebene, welche den zu messenden Gegenstand umgiebt, in einer Linie schneiden, welche horizontal sein wird, oder nicht, je nachdem es die Ebene ist, oder nicht. Es können daher folgende drei Fälle eintreten: entweder ist die Durchschnittslinie der Verticalebene und der umgebenden Ebene horizontal, oder 2) der Fußpunkt der Höhe liegt unter oder 3) über der durch einen Standort in jener Durchschnittslinie gelegten Horizontalebene.

I. Die Durchschnittslinie der durch die Höhe und einen Standort in der umgebenden Ebene gelegten Verticalebene ist horizontal. (Fig. 26.)

Man messe ein Stück CD = b (Standlinie oder Basis) dieser Durchschnittslinie AD und in C und D die Winkel BCA = α, und BDA = β, (Höhen oder Elevationswinkel). Dann sind in dem Dreieck BDC eine Seite b und zwei Winkel α und DBC = $\beta - \alpha$ bekannt, folglich ist

$$BC : b = \sin\beta : \sin(\beta - \alpha)$$

und daher $BC = \frac{b \sin\beta}{\sin(\beta - \alpha)}$.

Nun ist in dem rechtwinkligen Dreieck ABC (§. 32)

$$AB = BC \, . \, \sin\alpha.$$

folglich, wenn man $\frac{b \sin\beta}{\sin(\beta - \alpha)}$ statt BC setzt:

$$„AB = \frac{b \sin\beta \sin\alpha}{\sin(\beta - \alpha)}“.$$

Beispiel. Ist b = 967′, $\beta = 16^\circ 43' 5''$ und $\alpha = 7^\circ 5' 13''$, so findet man

$$AB = 205{,}131'.$$

II. Der Fußpunkt der Höhe liegt unter der durch einen Standort in der Durchschnittslinie gelegten Horizontalen. (Fig. 27.)

Man messe wieder ein Stück CD = b (Basis) dieser Durchschnittslinie, denke sich durch C und D die Horizontalen CF und DG gezogen, messe in C den Winkel, FCB = α (Höhenwinkel von B in C) und den Winkel FCA = β (Tiefenwinkel von A in C) und in D den Winkel GDB (Höhenwinkel von B in D).

Dann sind in dem Dreieck BDC eine Seite b und zwei Winkel, BCD $= \alpha + \beta$, und $\angle$BDC $= 180^\circ - (\gamma + \beta)$ bekannt, folglich $\angle$DBC $= \gamma - \alpha$, mithin ist:

$$BC : b = \sin(\gamma + \beta) : \sin(\gamma - \alpha)$$

daher 1) $BC = \dfrac{b \sin(\gamma + \beta)}{\sin(\gamma - \alpha)}$.

Nun ist in dem rechtwinkligen Dreieck FBC:

2) $FB = BC \ \sin\alpha = \dfrac{b \sin(\gamma + \beta) \sin\alpha}{\sin(\gamma - \alpha)}$.

3) $FC = BC \cos\alpha = \dfrac{b \sin(\gamma + \beta) \cos\alpha}{\sin(\gamma - \alpha)}$

Endlich ist in dem rechtwinkligen Dreieck FCA:

4) $AF = FC \ \mathrm{tg}\beta = \dfrac{b \sin(\gamma + \beta) \cos\alpha \ \mathrm{tg}\beta}{\sin(\gamma - \alpha)}$

und daher 5) $AB = AF + FB = \dfrac{b \sin(\gamma + \beta) \cos\alpha \ \mathrm{tg}\beta}{\sin(\gamma - \alpha)} + \dfrac{b \sin(\gamma + \beta) \sin\alpha}{\sin(\gamma - \alpha)} = \dfrac{b \sin(\gamma + \beta)}{\sin(\gamma - \alpha)} [\cos\alpha \ \mathrm{tg}\beta + \sin\alpha]$.

Setzt man noch $\dfrac{\sin\beta}{\cos\beta}$ statt $\mathrm{tg}\beta$, so erhält man:

6) $AB = \dfrac{b \sin(\gamma + \beta)}{\sin(\gamma - \alpha} \cdot \dfrac{\cos\alpha \ \sin\beta + \sin\alpha \ \cos\beta}{\cos\beta}$

oder „$AB = \dfrac{b \sin(\gamma + \beta) \sin(\alpha + \beta)}{\sin(\gamma - \alpha) \cos\beta}$."

Beispiel. Ist $b = 1500'$, $\alpha = 25^\circ 46'$, $\beta = 32^\circ 17'$, $\gamma = 47^\circ 28'$, so findet man $AB = 4006{,}7'$.

III. Der Fußpunkt der Höhe liegt über der durch einen Standort in der Durchschnittslinie gelegten Horizontalen. (Fig. 28.)

Man messe ein Stück CD $= b$ (Basis), denke sich durch C und D die Horizontalen CF und DG gezogen, welche die Verlängerung der Höhe AB in F und G treffen, messe in C die Höhenwinkel von B und A, BCF $= \alpha$, ACF $= \beta$, und in D den Höhenwinkel von B, BDG $= \gamma$.

Dann sind in dem Dreieck BCD eine Seite b und zwei Winkel BCD $= \alpha - \beta$, und BDC $= 180^\circ - (\gamma - \beta)$ gegeben, folglich $\angle$DBC $= \gamma - \alpha$; daher ist

$$BC : b = \sin(\gamma - \beta) : \sin(\gamma - \alpha),$$

folglich 1) $BC = \frac{b \sin(\gamma - \beta)}{\sin(\gamma - \alpha)}$.

Nun ist in dem rechtwinkligen Dreieck FBC:

2) $FB = BC \sin\alpha = \frac{b \sin(\gamma - \beta) \sin\alpha}{\sin(\gamma - \alpha)}$

3) $FC = BC \cos\alpha = \frac{b \sin(\gamma - \beta) \cos\alpha}{\sin(\gamma - \alpha)}$

und in dem rechtwinkligen Dreieck AFC:

4) $AF = FC \operatorname{tg}\beta = \frac{b \sin(\gamma - \beta) \cos\alpha \operatorname{tg}\beta}{\sin(\gamma - \alpha)}$

folglich 5) $AB = BF - AF = \frac{b \sin(\gamma - \beta) \sin\alpha}{\sin(\gamma - \alpha)} -$
$\frac{b \sin(\gamma - \beta) \cos\alpha \operatorname{tg}\beta}{\sin(\gamma - \alpha)} = \frac{b \sin(\gamma - \beta)}{\sin(\gamma - \alpha)} [\sin\alpha - \cos\alpha \operatorname{tg}\beta]$

oder, wenn man $\frac{\sin\beta}{\cos\beta}$ statt $\operatorname{tg}\beta$ setzt:

6) $AB = \frac{b \sin(\gamma - \beta)}{\sin(\gamma - \alpha)} \left[\frac{\sin\alpha \cos\beta - \cos\alpha \sin\beta}{\cos\beta}\right]$

das ist „$AB = \frac{b \sin(\gamma - \beta) \sin(\alpha - \beta)}{\sin(\gamma - \alpha) \cos\beta}$."

Beispiel. Ist $b = 1500'$, $\alpha = 65^\circ 15'$, $\beta = 18^\circ 36'$, $\gamma = 72^\circ 15'$, so findet man $AB = 22600{,}47'$.

IV. Kann oder will man die Standlinie nicht in der durch die zu messende Höhe gehenden Verticalebene nehmen, so nehme man (Fig. 29.) dieselbe in einer willkürlichen Richtung CD, messe $CD = b$, in D und C die Horizontalwinkel $ADC = \alpha$, und $ACD = \beta$, und in C noch den Höhenwinkel $BCA = \gamma$. Dann ist in dem Dreieck ACD:

$$AC : b = \sin\alpha : \sin(\alpha + \beta),$$

folglich 1) $AC = \frac{b \sin\alpha}{\sin(\alpha + \beta)}$

und in dem rechtwinkligen Dreieck BAC:

2) $AB = AC \operatorname{tg}\gamma = \frac{b \sin\alpha \operatorname{tg}\gamma}{\sin(\alpha + \beta)}$.

Beispiel. Ist $b = 650'$, $\beta = 48^\circ 30'$, $\alpha = 52^\circ 40'$ und $\gamma = 36^\circ 20'$, so findet man $AB = 387{,}4446.'$.

Stereometrie.

Erster Abschnitt.

Von den geraden Linien und den Ebenen.

§. 1. Erklärung.

Die Stereometrie oder körperliche Geometrie ist derjenige Theil der Geometrie, der von den Größen im Raume überhaupt handelt.

§. 2. Grundsätze.

1. Durch zwei Punkte im Raume, folglich auch durch eine gerade Linie im Raume sind unendlich viele Ebenen denkbar.

2. Jede gerade Linie kann in einer Ebene liegend gedacht werden.

3. Drei Punkte, die nicht in gerader Linie liegen, bestimmen die Lage einer Ebene im Raume.

§. 3. Zusatz.

1. Durch drei Punkte, die nicht in gerader Linie liegen, giebt es nur eine Ebene.

2. Fallen zwei Ebenen also in drei Punkten zusammen, so fallen sie ihrer ganzen Ausdehnung nach zusammen.

3. Zwei gerade Linien, welche einander schneiden, und parallele Linien liegen in einer bestimmten Ebene.

§. 4. Lehrsatz.

Der Durchschnitt zweier Ebenen ist eine gerade Linie. (Fig. 31.)

Beweis. Wäre der Durchschnitt der beiden Ebenen MN und OP keine gerade Linie, sondern etwa die krumme ACB, so hätten beide Ebenen mehr als zwei Punkte, die nicht in gerader Linie liegen, gemein, und müßten daher ganz zusammenfallen (§. 3, 2.), was gegen die Voraussetzung wäre. Der Durchschnitt zweier Ebenen kann also nur eine gerade Linie sein.

§. 5. Lehrsatz.

Steht eine gerade Linie im Durchschnittspunkte zweier andern Geraden auf jeder derselben senkrecht, so steht sie auf jeder Geraden senkrecht, welche in der Ebene jener beiden Geraden durch ihren Durchschnittspunkt gezogen werden können. (Fig. 32.)

Voraussetzung. $\angle FAB = \angle BAG$, $\angle CAB = \angle BAD$.

Behauptung. AB steht senkrecht auf jeder durch A in der Ebene der Geraden (FG, CD) gezogenen geraden Linie.

Beweis. Man ziehe beliebig durch A in der Ebene der geraden Linie FG und CD eine dritte gerade Linie HK. Man mache FA = AG, CA = AD, ziehe FC, DG, welche HK in H und K schneiden, und verbinde noch F, H, C, D, K, G mit einem beliebigen Punkte B in AB.

In den Dreiecken FAC und ADG ist nun

$$\left.\begin{array}{c} AF = AG \\ CA = AD \end{array}\right\} \text{nach der Construktion}$$

$$\underline{\angle FAC = \angle DAG}$$

folglich $\triangle FAC \cong \triangle DAG$

und daher 1) $FC = DG$

2) $\angle AFC = \angle AGD$.

Weil ferner in den Dreiecken FHA und AKG

$FA = AG$ (nach der Constr.)

$\angle HAF = \angle KAG$

$\underline{\angle AFH = \angle AGK \quad (1)}$

so ist $\triangle AFH \cong \triangle AKG$

folglich 3) $FH = KG$

4) $AH = AK$.

Nun ist in den Dreiecken FAB und BAG

$AF = AG$

$AB = AB$

$\underline{\angle FAB = \angle BAG = R}$

folglich $\triangle FAB \cong \triangle BAG$

mithin 5) $FB = BG$.

Aus gleichen Gründen ist auch $\triangle CAB \cong BAD$ und daher

6) $CB = BD$.

Nun ist auch $\triangle BFA \cong \triangle BAG$, folglich

7) $\angle BFC = \angle BGD$

ferner $\triangle BFH \cong BGK$, daher

8) $HB = BK$.

Endlich ist auch $\triangle HAB \cong \triangle BAK$, mithin

9) $\angle HAB = \angle BAK = R$ w. z. b. w.

§. 6. Erklärung.

Eine gerade Linie steht auf einer Ebene senkrecht, wenn sie auf allen Geraden senkrecht steht, die durch den Punkt, in welchem sie die Ebene trifft, Fußpunkt genannt, in dieser gezogen werden können.

§. 7. Zusatz.

Eine gerade Linie steht daher auf einer Ebene senkrecht, wenn sie auf zwei in dieser Ebene durch ihren Fußpunkt gehenden Geraden senkrecht steht.

§. 8. Lehrsatz.

In einem Punkte einer Ebene ist auf dieser nun eine Senkrechte möglich. (Fig. 33.)

Beweis. Gäbe es außer BA im Punkte A auf der Ebene PR noch eine zweite Senkrechte, etwa AC, so würde die durch AB und AC gelegte Ebene die Ebene PR in einer geraden Linie AD schneiden. (§. 4.) Dann müßte (§. 6) aber sowohl AB, als AC auf AD in derselben Ebene BAC senkrecht stehen, was nicht möglich ist. Es kann daher nur AB senkrecht auf PR sein.

§. 9. Lehrsatz.

Von einem Punkte außerhalb einer Ebene giebt es nur eine Senkrechte auf dieselbe. (Fig. 34.)

Beweis. Gäbe es außer AC von A aus noch eine zweite Senkrechte auf die Ebene PR, etwa AB, so würde die durch AB und AC gelegte Ebene die Ebene PR in BC schneiden, und es wäre dann $\angle ABC = \angle ACB = R$, was unmöglich ist, da die Summe zweier Winkel des Dreiecks BAC nicht gleich 2R sein kann. Es giebt daher nur eine Senkrechte AC von A auf die Ebene PR.

§. 10. Lehrsatz.

Steht eine gerade Linie auf drei andern geraden Linien in demselben Punkte senkrecht, so liegen diese in einer Ebene. (Fig. 35.)

Voraussetzung. $\angle FAB = \angle FAC = \angle FAD = R$.

Behauptung. AB, AC, AD liegen in einer Ebene.

Beweis. Lägen AB, AC, AD nicht in einer Ebene, so liegen doch zwei von ihnen, etwa AB, AD in einer Ebene (§. 3, 3), und AC müßte dann entweder unterhalb oder oberhalb dieser Ebene liegen. Läge AC etwa oberhalb der Ebene BAD, so würde, wenn man sich durch AF und AC eine Ebene gelegt denkt, diese, gehörig erweitert, die Ebene BAD schneiden. Es sei AG der Durchschnitt beider Ebenen. Weil nun AF auf AB und AD senkrecht ist, so ist AF auch auf der Ebene BAD senkrecht (§. 7.), folglich auch auf AG; d. h. es müßte dann AF in der Ebene FAC auf zwei geraden Linien AC und AG in A senkrecht sein, welches unmöglich ist. Auf denselben Widerspruch kommt man, wollte man annehmen, AC fiele unterhalb der Ebene BAD; AC kann daher nur in die Ebene BAD selbst fallen, und liegt also mit AB und AD in derselben Ebene.

§. 11. Lehrsatz.

Zwei gerade Linien, welche auf derselben Ebene senkrecht stehen, sind parallel. (Fig. 36.)

Voraussetzung: AB und CD senkrecht auf der Ebene PQ.

Behauptung: AB ∥ CD.

Beweis. Man verbinde A mit C, errichte in C in der Ebene PQ auf AC die Senkrechte CF, nehme CF = AB, und ziehe BC, BF, AF. Dann ist $\triangle BAC \cong \triangle ACF$, und daher

1) BC = BF.

Ferner ist $\triangle BAF \cong \triangle BCF$, folglich:

2) $\angle BAF = \angle BCF = R$.

Weil aber DC senkrecht auf der Ebene PQ steht, so ist DC senkrecht auf CF, ferner nach 2) CF senkrecht auf BC, und nach der Construktion CF senkrecht auf AC, folglich liegen (§. 10.) AC, BC, DC in einer Ebene, und da BA und DC senkrecht auf AC sind, so sind sie parallel.

§. 12. Lehrsatz.

Steht von zwei parallelen geraden Linien die eine senkrecht auf einer Ebene, so steht auch die andere auf derselben senkrecht. (Fig. 36.)

Voraussetzung: BA ∥ CD und BA senkrecht auf der Ebene MN.

Behauptung: DC senkrecht auf der Ebene MN.

Beweis. Man ziehe AC, errichte in C auf AC in der Ebene

MN die CF senkrecht, mache CF = AB, und ziehe BC, BF, AF. Dann ist $\triangle BAC \cong \triangle ACF$ und daher

1) BC = AF,

ferner $\triangle BAF \cong BCF$, folglich:

2) $\angle BAF = \angle BCF$.

Nun ist $\angle BAF = R$, weil BA auf der Ebene MN, folglich auch auf AF senkrecht ist; folglich auch $\angle BCF = R$, und CF senkrecht auf der Ebene ACB, mithin auch auf DC; DC ist aber auch senkrecht auf AC, weil DC || AB, folglich DC senkrecht auf der Ebene MN. (§. 7.)

§. 13. Aufgabe.

Von einem gegebenen Punkte außerhalb einer gegebenen Ebene auf diese eine Senkrechte zu fällen. (Fig. 37.)

Auflösung. Man ziehe in der gegebenen Ebene PR eine beliebige gerade Linie BC, und fälle von A aus in der Ebene ABC auf BC eine Senkrechte AD, errichte in D in der Ebene PR auf BC eine Senkrechte DF, und fälle von A in der Ebene ADF auf DF eine Senkrechte AG, so ist AG die verlangte Senkrechte auf der Ebene PR.

Beweis. Da BD auf AD und FD in D senkrecht steht, so ist BD senkrecht auf der Ebene ADF (§. 7.). Zieht man daher durch G in der Ebene PR zu BC die Parallele HG, so ist auch HG senkrecht auf der Ebene ADF (§. 12.), folglich auch auf AG. Da also AG auf HG und GD (nach der Construktion) senkrecht ist, so steht AG auch senkrecht auf der Ebene PR (§. 7.).

§. 14. Aufgabe.

In einem gegebenen Punkte einer gegebenen Ebene auf dieser eine Senkrechte zu errichten. (Fig. 38.)

Auflösung. Aus einem beliebigen Punkte B außerhalb der gegebenen Ebene PR fälle man auf diese eine Senkrechte BC (§. 13.), und ziehe in der Ebene ABC zu BC die Parallele AD, so ist AD die verlangte Senkrechte.

Der Beweis ergiebt sich sofort aus §. 12.

§. 15. Lehrsatz.

Unter allen geraden Linien, welche von einem Punkte außerhalb einer Ebene nach dieser hin gezogen werden können, ist die Senkrechte die kürzeste. (Fig. 34.)

Beweis. Ist AC senkrecht auf PR und AB irgend eine andere von A nach einem beliebigen Punkte B der Ebene PR gezogene Gerade, so ist, wenn man noch BC zieht, in dem rechtwinkligen Dreieck ABC die Hypotenuse AB größer, als die Kathete AC.

§. 16. Zusatz.

Die von einem Punkte außerhalb einer Ebene auf diese gefällte Senkrechte ist daher das Maaß der Entfernung dieses Punktes von der Ebene.

§. 17. Erklärung.

Steht eine gerade Linie AB (Fig. 34.) nicht senkrecht auf einer Ebene PR, und wird von einem beliebigen Punkte A derselben auf die Ebene eine Senkrechte AC gezogen und deren Fußpunkt C mit B verbunden, so heißt die Gerade BC die Projektion der ersteren Geraden AB auf die Ebene PR.

§. 18. Lehrsatz.

Unter allen Winkeln, welche eine gerade Linie, die auf einer Ebene nicht senkrecht steht, mit Linien bildet, welche in dieser durch den Durchschnittspunkt gezogen werden können, ist der Winkel, welchen sie mit ihrer Projektion bildet, der kleinste. (Fig. 39.)

Beweis. Es stehe AB schief, und AC senkrecht auf der Ebene MN; dann ist BC die Projektion der Geraden AB auf die Ebene MN. Zieht man durch B beliebig in der Ebene MN eine andere Gerade BD, so ist $\angle ABC < \angle ABD$. Man mache, um dies zu beweisen, $BD = BC$, und ziehe CD und AD. Dann ist in dem rechtwinkligen Dreieck ACD, $AD > AC$, und daher in den Dreiecken ABC und ABD:

$$AB = AB$$
$$BC = BD$$
$$AC < AD$$

folglich $\angle ABC < \angle ABD$.

§. 19. Erklärung.

Der Winkel, welchen eine auf einer Ebene nicht senkrecht stehende Gerade mit ihrer Projektion auf die Ebene bildet, ist daher das Maaß für die Neigung der geraden Linie gegen die Ebene, und heißt deshalb der Neigungswinkel der Geraden gegen die Ebene.

§. 20. Erklärung.

Eine gerade Linie ist einer Ebene parallel, wenn sie, beliebig verlängert, nirgends dieselbe trifft.

§. 21. Lehrsatz.

Eine Gerade ist einer Ebene parallel, wenn ein Punkt derselben außerhalb der Ebene liegt, und sie mit einer in dieser Ebene liegenden Geraden parallel ist. (Fig. 40.)

Voraussetzung: AB || CD.

Behauptung: AB || MN.

Beweis. Wäre AB nicht parallel der Ebene MN, so müßte sie verlängert dieselbe treffen, etwa in G. Verbindet man die Parallelen AB und CD durch eine Ebene, so wird diese die Ebene MN in CD schneiden, weil CD in beiden Ebenen zugleich liegen muß. Da nun G sowohl in der Ebene MN, als in der Ebene (AB, CD) liegen müßte, so könnte er nur in der Durchschnittslinie CD beider Ebenen liegen, d. h. AB und CD müßten in G zusammentreffen, was der Voraussetzung widerspricht. Es ist daher AB || MN.

§. 22. Lehrsatz.

Wird durch einen Punkt außerhalb einer Ebene zu einer in dieser Ebene liegenden geraden Linie eine Parallele gezogen, so ist sie parallel mit dieser Ebene.

Wird auf ähnliche Art bewiesen, wie der vorhergehende Satz.

§. 23. Zusatz.

Durch einen Punkt außerhalb einer Ebene giebt es unendlich viele gerade Linien, welche mit jener Ebene parallel sind.

§. 24. Lehrsatz.

Ist eine gerade Linie einer Ebene parallel, und wird durch diese eine Ebene gelegt, welche jene erstere Ebene schneidet, so ist die Durchschnittslinie beider Ebenen jener geraden Linie parallel. (Fig. 41.)

Beweis. Es sei AB parallel der Ebene MN und CD die Durchschnittslinie einer durch AB gehenden Ebene und der Ebene MN. Wäre nun CD nicht parallel AB, so müßte sie, verlängert, diese treffen, etwa in G. Es müßte aber dann G sowohl in der Ebene

MN, als auch in der Linie AB liegen, und daher AB die Ebene MN schneiden, was gegen die Voraussetzung ist. Daher ist CD ∥ AB.

§. 25. Lehrsatz.

Ist eine gerade Linie einer Ebene parallel, so ist sie überall gleichweit von dieser entfernt. (Fig. 42.)

Beweis. Es sei AB ∥ MN. Von zwei beliebigen Punkten C, D der Parallelen AB fälle man auf MN die Senkrechten CF und DG, und verbinde F mit G durch eine gerade Linie FG. Denkt man sich CF und DG durch eine Ebene verbunden, so ist FG die Durchschnittslinie der Ebenen FCDG und MN; da nun die Ebene FCDG zugleich durch AB geht, so ist FG ∥ CD, und weil auch CF ∥ DG (§. 11.), so ist CF = DG.

§. 26. Lehrsatz.

Zwei gerade Linien, welche einer dritten parallel sind, sind parallel, auch wenn sie nicht alle drei in einer Ebene liegen. (Fig. 43.)

Voraussetzung. AB ∥ EF, DC ∥ EF, und AB, EF, DC liegen nicht in einer Ebene.

Behauptung. AB ∥ CD.

Beweis. Man verbinde die Parallelen AB und EF durch eine Ebene, und DC und EF durch eine zweite Ebene; in einem beliebigen Punkte G der EF errichte man auf dieser in der Ebene ABEF die Senkrechte GH, und in der Ebene CDEF die Senkrechte GJ, verlängere beide, bis sie AB und CD in den Punkten H und J schneiden. Nun ist GE senkrecht auf der Ebene HGJ (§. 7.), folglich auch HB und DJ (§. 12.), und daher ist HB ∥ DJ (§. 11.).

§. 27. Lehrsatz.

Winkel, welche nicht in einer Ebene liegen, und deren Schenkel beziehlich parallel sind, sind entweder einander gleich, oder zusammmen gleich 2 R, je nachdem ihre Oeffnungen nach derselben Seite gekehrt sind, oder nicht.

1. Voraussetzung. (Fig. 44.) AB ∥ DF, AC ∥ DG und die Oeffnungen beider sind nach derselben Seite gekehrt.

Behauptung: ∠BAC = ∠FDG.

Beweis. Man mache AB = DF, AC = DG, und ziehe BF, AD, CG, BC, FG.

Weil nun AB ≑ FD, so ist ABFD ein Parallelogramm, und daher

1) BF ≑ AD.

Aus denselben Gründen folgt:

2) CG ≑ AD

mithin 3) BF ≑ CG

und deshalb FBCG ein Parallelogramm, folglich

4) BC ≑ FG.

Nun ist $\triangle$ BAC $\cong$ $\triangle$ FDG.

daher 5) $\angle$BAC = $\angle$FDG.

2) Voraussetzung. (Fig. 45.) AB ∥ DF, AC ∥ DG, und die Oeffnungen beider nach entgegengesetzten Seiten gekehrt.

Behauptung. $\angle$BAC + $\angle$FDG = 2R.

Der Beweis ergiebt sich leicht, wenn man FD über D hinaus verlängert und 1. anwendet.

§. 28. Erklärung.

Scheiden sich zwei Ebenen (Fig. 46.) AC und AD, und errichtet man in dem beliebigen Punkte F der Durchschnittslinie AB auf derselben in der Ebene AC die Senkrechte FG, und in der Ebene AD die Senkrechte FH, so heißt der Winkel HFG der Neigungswinkel der Ebene AD gegen die Ebene AC.

Der Neigungswinkel zweier sich schneidender Ebenen ist daher der Winkel, welchen zwei in demselben Punkte der Durchschnittslinie auf dieselbe in jeder Ebene senkrecht gezogene gerade Linien einschließen.

Daß der Neigungswinkel immer derselbe bleibt, in welchem Punkte man auch die Senkrechten FH und FG errichtet, folgt aus §. 27.

§. 3. Erklärung.

Eine Ebene steht auf einer andern Ebene senkrecht, wenn der Neigungswinkel beider Ebenen ein rechter ist.

§. 30. Lehrsatz.

Steht eine grade Linie auf einer Ebene senkrecht, so ist jede durch diese grade Linie gehende Ebene auf der ersten Ebene senkrecht. (Fig. 47).

Beweis. Es sei AB senkrecht auf der Ebene PR, und CH eine beliebige durch AB gehende Ebene, welche die Ebene PR in CD schneidet. Man errichte in B auf CD in der Ebene PR die Senkrechte BF, so ist ∠ABF = R (§. 6.) Weil nun AB auf CD (§. 6.) in der Ebene CH, und BF auf CD in der Ebene PR senkrecht steht, so ist ∠ABF der Neigungswinkel (§. 28.) der Ebenen CH und PR, folglich, da dieser ein rechter ist, Ebene CH senkrecht auf PR. (§. 29.)

§. 31. Lehrsatz.

Stehen zwei Ebenen auf einander senkrecht, und stehet in der einen eine Gerade auf der Durchschnittslinie senkrecht, so steht sie auf der andern Ebene senkrecht. (Fig. 48.)

Voraussetzung: Ebene CH senkrecht auf der Ebene PR, und AB senkrecht auf CD.

Behauptung: AB ist senkrecht auf der Ebene PR.

Beweis. Errichtet man in der Ebene PR in B auf der Durchschnittslinie CD der Ebenen CH und PR die Senkrechte *BF*, so ist (§. 20.) ∠ABF der Neigungswinkel der Ebenen CH und PR und daher ∠ABF = R (n. d. Vor.) d. h. AB steht senkrecht auf BF; und da AB auch senkrecht auf CD ist (n. d. Vor.), so ist AB senkrecht auf der Ebene PR (§. 7).

§. 32. Lehrsatz.

Wenn zwei sich schneidende Ebenen auf einer dritten Ebene senkrecht stehen, so ist auch ihre Durchschnittslinie auf der dritten Ebene senkrecht. (Fig. 49).

Voraussetzung: Ebene CH und Ebene FK senkrecht auf der Ebene PR.

Behauptung: Die Durchschnittslinie AB der Ebenen CH und FK ist senkrecht auf der Ebene PR.

Beweis. Man errichte in der Ebene PR in B auf CD die Senkrechte BL, und auf FG die Senkrechte BM. Dann ist BL senkrecht auf der Ebene CH (§. 31.); folglich auch auf AB, und BM senkrecht auf der Ebene FK (§. 31.), folglich auch auf AB; es ist also AB senkrecht auf BL und BM, daher AB senkrecht auf der Ebene PR. (§. 7.)

§. 33. Zusatz.

Zwei sich schneidende Ebenen sind auf der Ebene ihres Neigungswinkels senkrecht.

§. 34. Erklärung.

Ebenen sind pararell, wenn sie, beliebig erweitert, nirgends zusammentreffen.

§. 35. Lehrsatz.

Steht eine gerade Linie auf zwei Ebenen zugleich senkrecht, so sind diese parallel. (Fig. 50).

Voraussetzung: FG senkrecht auf der Ebene CD und auf der Ebene AB.

Behauptung: Ebene AB || Ebene CD.

Beweis. Wären die Ebenen CD und AB nicht parallel, so müßten sie, gehörig erweitert, sich in einer geraden Linie, etwa KH schneiden.

Verbindet man irgend einen beliebigen Punkt der HK, etwa L, mit F und G durch gerade Linien, so wäre in dem Dreieck FLG $\angle LFG = \angle LGF = R$ (n. d. V. und §. 6.); da dies unmöglich ist, so können die Ebenen, erweitert, sich nicht schneiden, und sind daher parallel.

§. 36. Lehrsatz.

Werden zwei parallele Ebenen von einer dritten Ebene geschnitten, so sind die Durchschnittslinien parallel. (Fig. 51.)

Voraussetzung: Ebene AB || Ebene CD.

Behauptung: EF || GH.

Beweis. Wären EF und GH nicht parallel, so müßten sie, verlängert, etwa in J, zusammentreffen. Weil aber dann J sowohl in der Linie EF, als auch in der Linie GH liegen müßte, so müßte J sich auch in den Ebenen AB und CD, in denen diese Linien liegen, zugleich befinden, d. h. die Ebenen AB u. CD müßten zusammentreffen, was gegen die Voraussetzung wäre. Es ist daher EF || GH.

§. 37. Lehrsatz.

Sind die Schenkel zweier Winkel, welche in verschiedenen Ebenen liegen, beziehlich parallel, so sind auch die Ebenen parallel, in denen sie liegen. (Fig. 52.)

Voraussetzung: AB || DF. BC || FG.

Behauptung: Ebene ABC || Ebene DFG.

Beweis. Man fälle von B auf die Ebene DFG eine Senkrechte BH, und ziehe durch H in dieser Ebene zu DF die Parallele HK und zu FG die Parallele HL. Dann ist HL || BC und HK || AB (§. 25.), und daher BH senkrecht auf AB und BC, folglich BH senkrecht auf der Ebene ABC (§. 7.). Hieraus folgt aber, daß Ebene ABC || Ebene DFG ist (§. 35.).

§. 38. Zusatz.

Sind die drei Seiten zweier in verschiedenen Ebenen liegender Dreiecke beziehlich parallel, so sind die Ebenen, in denen sie liegen parallel.

§. 39. Lehrsatz.

Steht eine grade Linie auf der einen von zwei parallelen Ebenen senkrecht, so ist sie auch auf der andern senkrecht. (Fig. 53.)

Voraussetzung: Ebene MN || Ebene PR, und AB senkrecht auf PR.

Behauptung: AB ist senkrecht auf MN.

Beweis. Man ziehe in der Ebene PR durch B beliebig zwei gerade Linien BC und BD, und lege durch AB und BC, und durch AB und BD Ebenen, welche die Ebene MN in AF und FG schneiden. Dann ist AF || BC, AG || BD (§. 36.) Da nun AB senkrecht auf BD und DC steht (n. d. Vor. und §. 6), so ist sie auch senkrecht auf AG und AF, folglich auch auf der Ebene PR. (§. 7.)

§. 40. Lehrsatz.

Parallele Linien zwischen parallelen Ebenen sind einander gleich. (Fig. 54.)

Voraussetzung. AB || CD || FG, Ebene MN || Ebene PR.

Behauptung. AB = CD = FG.

Beweis. Zieht man AC so ist AC die Durchschnittslinie der Ebenen MN und ABCD, da AC in beiden Ebenen zugleich liegt;

eben so ist BD die Durchschnittslinie der Ebenen PR und ABCD, folglich:

1) AC || BD (§. 36.)
und da 2) AB || CD (n. d. Vor.)
so ist auch 3) AB = CD.

Aus denselben Gründen ist, wenn man CF und DG zieht:

4) CF || DG
und da auch 5) CD || FG ist, so ist
6) CD = FG.
also AB = CD = FG.

§. 41. Zusatz.

Senkrechte von beliebigen Punkten der einen von zwei parallelen Ebenen auf die andere gezogen, sind einander gleich; daher sind parallele Ebenen überall gleich weit von einander entfernt.

§. 42. Lehrsatz.

Werden parallele Linien von zwei Ebenen so geschnitten, daß die zwischen den Ebenen enthaltenen Stücke der Parallelen alle unter einander gleich sind, so sind die Ebenen parallel. (Fig. 55.)

Voraussetzung: AB ╪ CD ╪ FG.

Behauptung: Ebene MN || Ebene PR.

Beweis. Man ziehe AC, CF, BD, DG. Da (n. d. Vor.) AB ╪ CD, so ist ABDC ein Parallelogramm, daher AC ╪ BD; und weil CD ╪ FG, so ist auch CDGF ein Parallelogramm, folglich CF ╪ DG. Da nun AC || BD und CF || DG ist, so ist Ebene ACF || Ebene BDG. (§. 37.)

§. 43. Lehrsatz.

Werden zwei parallele Ebenen von einer graden Linie geschnitten, so sind die Neigungswinkel dieser Geraden gegen beide Ebenen einander gleich. (Fig. 56.)

Beweis. Es sei Ebene MN || Ebene PR, und MN und PR werden von der geraden Linie AC geschnitten. Ist AC senkrecht auf den Ebenen MN und PR, so versteht sich der Satz von selbst. Ist AC nicht senkrecht, so fälle man aus einem beliebigen Punkte A der AC auf MN eine Senkrechte AD, verlängere AD, bis sie die Ebene PR in F trifft, und ziehe BD, CF. Dann ist ∠ABD der Neigungswinkel der geraden Linie AB gegen die Ebene MN n. d. Constr., und weil AF auch senkrecht auf PR ist (§. 39.), so ist ∠ACF der Neigungswinkel der geraden Linie AC gegen die Ebene PR. Nun ist BD ∥ CF (§. 36.), folglich ∠ABD = ∠ACF.

§. 44. Lehrsatz.

Werden zwei parallele Ebenen von einer dritten Ebene geschnitten, so sind die Neigungswinkel der beiden parallelen Ebenen gegen die dritte einander gleich. (Fig. 57.)

Beweis. Es sei Ebene AB parallel der Ebene CD, und beide seien von der dritten Ebene FG in den Linien HG und LK geschnitten. In einem beliebigen Punkte M der Durchschnittslinie LK errichte man in der Ebene FG auf dieser die Senkrechte MO, und verlängere sie über M, bis sie die Durchschnittslinie HG in N trifft; in M errichte man in der Ebene CD auf LK die Senkrechte MP, lege durch OMP eine Ebene, und erweitere sie, bis sie die Ebene AB in NQ schneidet. Nach der Construction ist ∠OMP der Neigungswinkel der Ebenen FG und CD (§. 28.), folglich MK senkrecht auf der Ebene OMP (§§. 32. 33.); nun ist MK ∥ NG (§. 36.), folglich auch NG senkrecht auf der Ebene ONQ, mithin auch senkrecht auf NQ und NO (§. 7.), daher ∠ONQ der Neigungswinkel der Ebenen FG und AB. Weil nun MP ∥ NQ (§. 36.), so ist ∠OMP = ∠ONQ.

§. 45. Aufgabe.

Durch einen gegebenen Punkt außerhalb einer Ebene zu dieser eine parallele Ebene zu legen. (Fig. 58.)

Auflösung. Man fälle von dem gegebenen Punkte A auf die gegebene Ebene MN die Senkrechte AB (§. 13.), ziehe durch B in der Ebene MN beliebig zwei Gerade BC und BD, und in der Ebene ABC durch A zu BC die Parallele AF, und in der Ebene ABD zu BD die Parallele AG, so ist die Ebene GAF die verlangte zu MN parallele Ebene.

Der Beweis ergiebt sich leicht aus §. 35.

§. 46. Zusatz.

Durch einen Punkt außerhalb einer Ebene giebt es zu dieser nur eine parallele Ebene.

Zweiter Abschnitt.
Von den körperlichen Ecken.

§. 47. Erklärung.

Zieht man von irgend einem Punkte des Raumes mehr als zwei Gerade nach beliebigen Richtungen so, daß je drei aufeinanderfolgende nicht in einer Ebene liegen, und verbindet man je zwei aufeinanderfolgende Gerade durch Ebenen, so heißt der zwischen diesen Ebenen liegende Theil des unendlichen Raumes ein körperlicher Winkel oder eine körperliche Ecke.

Eine **körperliche Ecke** ist demnach der unbegrenzte Raum zwischen mehr als zwei Ebenen, von denen je zwei aufeinanderfolgende sich schneiden, und welche sämmtlich in einem Punkte zusammenstoßen.

Der Punkt, in welchem die Ebenen zusammenstoßen, heißt Spitze oder Scheitel; die Durchschnittslinien derselben, deren Anzahl gleich ist der Anzahl der Ebenen, heißen Kanten, die Ebenen selbst Seiten. Nach der Anzahl der Seiten oder der Kanten wird die Ecke dreiseitig oder dreikantig, vierseitig oder =kantig u. s. f. genannt. Jeder Winkel, welchen je zwei aufeinanderfolgende Kanten bilden, heißt ein Seitenwinkel, oder kurz eine Seite, jeder Neigungswinkel zweier aufeinanderfolgender Seiten, ein Winkel der körperlichen Ecke.

§. 48. Erklärung.

Verlängert man sämmtliche Kanten einer körperlichen Ecke über den Scheitel hinaus, und verbindet man die Verlängerungen je zweier aufeinander folgender Kanten wieder durch Ebenen, so entsteht eine zweite körperliche Ecke, welche denselben Scheitel und dieselbe Seitenzahl, wie die erste Ecke, hat, deren Seiten und Winkel den Seiten und Winkeln der ersten Ecke beziehlich gleich sind, und in derselben, aber entgegengesetzten Ordnung aufeinander folgen.

Zwei körperliche Ecken von der Beschaffenheit, daß die Kanten der einen die Verlängerungen der Kanten der andern sind, oder sein können, heißen **Scheitelecken** oder **Vertikalecken**.

§. 49. Erklärung.

Zwei Scheitelecken sind, obgleich Seiten und Winkel derselben beziehlich gleich sind, und einerlei Lage in Beziehung aufeinander haben, wegen der entgegengesetzten Reihenfolge derselben nicht congruent. Dagegen haben sie eine solche Beziehung zu einander, daß sie, zusammengestellt, wie eine rechte und linke Hälfte, ein symmetrisches Ganze bilden, oder auch, gegen einander gestellt, sich gerade so verhalten, wie ein Gegenstand zu seinem Bilde in einem ebenen Spiegel.

Zwei körperliche Ecken, deren Seiten und Winkel beziehlich gleich sind, aber in der einen in entgegengesetzter Ordnung aufeinander folgen, nennt man daher symmetrisch oder gegenbildlich gleich.

§. 50. Zusatz.

Scheitelecken sind daher stets symmetrisch gleich, und Ecken, die symmetrisch gleich sind, sind Scheitelecken.

§. 51. Lehrsatz.

Errichtet man in dem Scheitel einer körperlichen Ecke auf den Seiten derselben Senkrechte, und verbindet man je zwei aufeinanderfolgende dieser Senkrechten durch Ebenen, so ergänzen die $\begin{pmatrix}\text{Seiten}\\ \text{Winkel}\end{pmatrix}$ der entstandenen körperlichen Ecke die $\begin{pmatrix}\text{Winkel}\\ \text{Seiten}\end{pmatrix}$ der ersteren Ecke zu 2R. (Fig. 59.)

Beweis. Es sei AB' senkrecht auf der Seite BAC der körperlichen Ecke BACD, AC' senkrecht auf der Seite CAD, und AD' senkrecht auf der Seite BAD. In einem beliebigen Punkte F der Kante AB errichte man noch FG senkrecht auf der Seite BAD, und FH senkrecht auf der Seite BAC; dann ist FG ∥ AD', FH ∥ AB' (§. 11.), folglich auch

$$\angle GFH = \angle D'AB'. \text{ (§. 26.)}$$

Legt man durch GFH eine Ebene, so schneidet die Erweiterung derselben die Ebenen BAD und BAC in FK und FL. Da FB auf der Ebene GFH senkrecht ist, (§. 7.), so ist $\angle$KFL $= \alpha$ der Neigungswinkel der Seiten BAC und BAD. (§. 28.) Verlängert man noch GF über F hinaus, so ist

$$\angle KFM = \angle HFL = R,$$

folglich auch $\angle KFM - \angle LFM = \angle HFL - \angle LFM$

d. i. $\angle KFL = \angle HFM.$

Nun ist $\angle GFH + \angle HFM = 2R$,
folglich auch $\angle GFH + \angle \alpha = 2R$,
und weil $\angle GFH = \angle D'AB'$, so ist auch
1) $\angle D'AB' + \alpha = 2R$.

Ist β der Neigungswinkel der Ebenen BAC und CAD, und γ der Neigungswinkel der Ebenen BAD und CAD, so wird auf dieselbe Art bewiesen, daß
2) $\angle B'AC' + \beta = 2R$
3) $\angle D'AC' + \gamma = 2R$.

Da ferner die Kante BA auf der Ebene D'AB', und AD auf der Ebene D'AC' senkrecht steht, so folgt aus denselben Gründen, wie oben, daß $\angle BAD$ die Ergänzung des Flächenwinkels B'AD'C' zu 2R ist, und weil AC senkrecht auf der Ebene B'AC' ist, so ist $\angle BAC$ die Ergänzung des Flächenwinkels D'AB'C' zu 2R, u. s. f.

§. 52. Erklärung.

Die Ecke B'ADC' (Fig. 59.), welche entsteht, wenn man in dem Scheitel einer gegebenen Ecke auf den Seiten derselben Senkrechte errichtet, und diese durch Ebenen verbindet, heißt deren Ergänzungs- oder Polarecke.

§. 53. Zusatz.

Eine körperliche Ecke und ihre Ergänzungsecke haben daher (§. 51.) zu einander eine solche Beziehung, daß die (Seiten / Winkel) der einen die (Winkel / Seiten) der andern zu 2R ergänzen.

Jede körperliche Ecke ist daher die Ergänzungsecke ihrer Ergänzungsecke.

§. 54. Lehrsatz.

Sind zwei Ecken congruent, so sind auch ihre Ergänzungsecken congruent.

Beweis. Bringt man die congruenten Ecken in einander, daß sie sich decken, so fallen auch die Kanten der Ergänzungsecken, welche auf den Seiten der ersteren senkrecht sind (§. 53.), in einander (§. 8.); daher fallen auch die Ergänzungsecken in einander.

§. 55. Lehrsatz.

Sind die Ergänzungsecken zweier körperlichen Ecken congruent, so sind auch diese selbst congruent.

Beweis. Jede körperliche Ecke ist die Ergänzungsecke zu ihrer Ergänzungsecke (§. 53.); die Congruenz der Ecken ergiebt sich daher aus §. 54.

§. 56. Lehrsatz.

Die Ergänzungsecken zweier Scheitelecken sind selbst Scheitelecken.

Beweis. Da in Scheitelecken die Seiten und Winkel beziehlich gleich sind (§. 48.), so sind auch in deren Ergänzungsecken die Winkel und Seiten beziehlich gleich (§. 53.), und weil die Reihenfolge der Winkel und Seiten in beiden Scheitelecken eine entgegengesetzte ist, so ist es auch die Reihenfolge der Seiten und Winkel in deren Ergänzungsecken, folglich sind diese Scheitelecken. (§. 50.)

§. 57. Lehrsatz.

In jedem körperlichen Dreieck, in welchem jede Seite kleiner als 2R ist, ist die Summe je zweier Seiten größer als die dritte. (Fig. 60.)

Beweis. 1. Sind alle drei Seiten einander gleich, so ist von selbst klar, daß je zwei dieser Seiten zusammen größer sind, als die dritte.

2. Sind zwei Seiten gleich, und jede größer, als die dritte, so ist, wie sich ebenfalls von selbst ergiebt, sowohl die Summe der beiden gleichen Seiten größer, als die dritte, als auch die Summe jeder der beiden gleichen Seiten und der dritten größer, als die andre ihr gleiche Seite.

3. Sind alle drei Seiten ungleich, oder zwei gleich, und jede größer als die dritte, so mache man in der größten der drei Seiten BAC, $\angle CAF = \angle DAC$, $AB = AD = AF$, ziehe BD, BF, verlängere BF, bis sie die AC in G schneidet, und verbinde G mit D. Dann ist $\triangle AFG \cong \triangle DAG$, und daher

1) $FG = GD$.

Nun ist in dem Dreieck BGD

2) $BD + DG > BG$

oder 3) $BD + DG > GF + FB$

folglich, da $DG = FG$ (1.),

4) $BD > BF$.

Weil nun in den Dreiecken BAD und BAF:

$$\begin{aligned} BA &= BA \\ AD &= AF \text{ (n. d. Constr.)} \\ BD &> BF \text{ (4.)} \end{aligned}$$

so ist auch 5) $\angle BAD > \angle BAF$,
folglich, weil $\angle DAG = \angle FAG$ (n. d. Constr.)
6) $\angle BAD + \angle DAG > \angle BAF + \angle FAG$
d. ist. 7) $\angle BAD + \angle DAG > \angle BAG$.

§. 58. Lehrsatz.

Die Summe aller Seiten einer körperlichen Ecke, welche keine convexe Winkel enthält, ist kleiner als 4 R. (Fig. 61.)

Beweis. Man lege durch den beliebigen Punkt B einer Kante AB eine Ebene, welche alle Seiten der Ecke schneidet. Die Durchschnittslinien der n Seiten mit dieser Ebene bilden dann in derselben ein neck BCDEF. In diesem neck nehme man beliebig einen Punkt O an, und verbinde diesen mit allen Ecken des necks. Dadurch entstehen n Triangel, deren sämmtliche Winkel zusammen 2nR betragen. Eben soviel beträgt aber auch die Summe aller Winkel in den n Seitendreiecken der Ecke: BAC, CAD, DAE u. s. f. Bezeichnet daher S die Summe aller Winkel in den n Seitendreiecken, und s die Summe aller Winkel in den n Dreiecken in der Ebene BCDEF, so ist

$$1)\ S = s = 2nR.$$

Weil aber $\angle CBF$, CBA, ABF bei B ein körperliches Dreieck bilden, so ist (§. 57.)

$$2)\ \angle CBA + \angle FBA > \angle CBF,$$

oder $\angle CBA + \angle FBA > \angle OBO + \angle OBF$.

Dasselbe ist bei allen übrigen Ecken C, D, E u. s. f. der Fall. Es ist daher die Summe aller an den Ecken des necks BCDEF in den Seitendreiecken BAC, CAD, DAE, u. s. f. liegenden Winkel größer als die Summe aller an den Ecken des Vielecks BCDEF in diesem selbst liegenden Winkel. Bezeichnet S' die Summe der ersteren, und s' die Summe der letztern, so ist

$$3)\ S' > s'$$

folglich, da S = s ist (1.)

$$4)\ S - S' < s - s'.$$

Es ist aber S — S' die Summe aller Seiten der körperlichen Ecke, und s — s' die Summe aller um den Punkt O in der Ebene BCDE herumliegenden Winkel, folglich s — s' = 4R, und daher, wenn die Summe der Seiten der körperlichen Ecke S — S' mit S'' bezeichnet wird,

5) „S'' < 4R."

§. 59. Lehrsatz.

Die Summe aller Winkel einer nkantigen Ecke ist größer als (2n — 4) R, und kleiner als 2nR.

Beweis. Man denke sich eine nkantige Ecke und die Ergänzungsecke derselben. Die Summe aller Winkel der erstern Ecke und aller Seiten der Ergänzungsecke ist gleich 2nR (§. 53.). Ist demnach S die Summe aller Winkel jener erstern Ecke und S' die Summe aller Seiten ihrer Ergänzungsecke, so ist

1) S + S' = 2nR;

hieraus folgt sogleich:

„S < 2nR."

Nach §. 58. ist 2) S' < 4R; aus 1) und 2) ergiebt sich daher

3) „S > (2n — 4) R."

§. 60. Zusatz.

Die Summe aller Winkel eines körperlichen Dreiecks ist daher größer, als 2R, und kleiner als 6R, die eines körperlichen Vierecks größer als 4R und kleiner als 8R, u. s. f.

§. 61. Lehrsatz.

Zwei körperliche Dreiecke sind congruent, wenn 2 Seiten und der von ihnen eingeschlossene Winkel in beiden beziehlich gleich sind und in derselben Ordnung aufeinander folgen. (Fig. 62.)

Voraussetzung. ∠BAD = ∠GFK, ∠BAC = ∠GFH, Flächenw. CABD = Flächenw. HFGK.

Beweis. Man bringe das Dreieck BACD so in das Dreieck GFHK, daß A in F, Kante BA in die Kante GF und Ebene BAD in die Ebene GFK fällt, so fällt auch Kante AD in die Kante FK, weil ∠BAD = ∠GFK n. d. V., und Ebene BAC in die Ebene GFH, weil Flächenw. CABD = Flächenw. HFGK ist, und AC in

FH, weil $\angle BAC = \angle GFH$ ist; da nun Kante AC in FH und Kante AD in die Kante FK fällt, so fällt auch die Ebene CAD in die Ebene HFK, weil zwischen zwei sich schneidenden Geraden nur eine Ebene möglich ist. Die Dreiecke sind daher congruent.

§. 62. Zusatz.

Zwei körperliche Dreiecke sind symmetrisch gleich, wenn zwei Seiten und der von ihnen eingeschlossene Winkel in beiden beziehlich gleich sind, und in entgegengesetzter Ordnung auf einander folgen; denn das eine dieser Dreiecke ist nach dem vorhergehenden §. congruent mit der Scheitelecke des andern.

§. 63. Lehrsatz.

Zwei körperliche Dreiecke sind congruent, wenn eine Seite und die beiden anliegenden Winkel in beiden beziehlich gleich sind, und in derselben Ordnung auf einander folgen.

Beweis. Sind in zwei körperlichen Dreiecken eine Seite und die anliegenden Winkel beziehlich gleich, so sind in deren Ergänzungsecken zwei Seiten und der von ihnen eingeschlossene Winkel gleich; und da Seiten und Winkel der Ergänzungsecken in derselben Ordnung auf einander folgen, so sind diese congruent, (§. 61.) folglich auch die ursprünglichen Ecken. (§. 55.)

§. 64. Zusatz.

Zwei körperliche Dreiecke sind symmetrisch gleich, wenn eine Seite und die beiden anliegenden Winkel in beiden beziehlich gleich sind, und in entgegengesetzter Ordnung auf einander folgen.

§. 65. Lehrsatz.

Zwei körperliche Dreiecke sind congruent, wenn die drei Seiten des einen einzeln gleich sind, den drei Seiten des andern, und die Seiten in beiden in derselben Ordnung auf einander folgen. (Fig. 63.)

Voraussetzung. BAC = FEG, CAD = GEH, BAD = FEH.

Behauptung. Dreieck BACD $\cong$ Dreieck FEGH.

Beweis. Von einem beliebigen Punkte K der Kante AC fälle man in der Ebene BAC auf AB die Senkrechte KB, errichte in B auf BA in der Ebene BAD die Senkrechte BD, verlängere sie, bis sie die Kante AD in D schneidet, und verbinde D mit K. Auf der der Kante AC entsprechenden Kante EG des andern Dreiecks nehme man EL = AK, fälle von L auf EF in der Ebene GEF die Senkrechte LF, errichte in F in der Ebene FEH auf EF die Senkrechte FH, verlängere sie, bis sie EH in H schneidet, und ziehe LH. Dann ist

$$\triangle KAB \cong \triangle LFE$$

und daher 1) $KB = LF$

2) $AB = EF$.

Ferner $\triangle BAD \cong \triangle FEH$

folglich 3) $BD = FH$

4) $AD = EH$.

Ferner $\triangle KAD \cong \triangle LEH$

5) $KD = LH$.

Endlich $\triangle KBD \cong \triangle LFH$

daher 6) $\angle KBD = \angle LFH$

Weil aber KB in der Ebene CAB und BD in der Ebene BAD auf der Durchschnittslinie beider Ebenen senkrecht stehen, so ist $\angle KBD$ der Neigungswinkel der Ebenen CAB und DAB. Aus denselben Gründen ist auch $\angle LFH$ der Neigungswinkel der Ebenen GEF und HEF. Da also auch die von den gleichen Seiten eingeschlossenen Flächenwinkel CABD und GEFH einander gleich sind, so sind die Ecken congruent. (§. 61.)

Anmerkung. In obiger Figur ist der einfachste Fall angenommen, nämlich, daß die Senkrechten KB und BD die Kanten AB und AD in den Seitenebenen der Ecke selbst treffen. Da jedoch die Seitenwinkel einer Ecke auch stumpfe Winkel sein können, so wird man in diesem Falle eine der Kanten verlängern müssen; im Uebrigen ändern sich Construction und Beweis nicht wesentlich. Es folgt dann aus der Congruenz der Dreiecke KBD FLH entweder wieder die Gleichheit der Flächenwinkel selbst, oder die Gleichheit ihrer Nebenwinkel.

§. 66. Zusatz.

Zwei körperliche Dreiecke sind symmetrisch gleich, wenn die drei Seiten in beiden beziehlich gleich sind, aber in entgegengesetzter Ordnung auf einander folgen.

§. 67. Lehrsatz.

Zwei körperliche Dreiecke sind congruent, wenn die drei Winkel in beiden beziehlich gleich sind, und in derselben Ordnung auf einander folgen.

Beweis. Sind in zwei körperlichen Dreiecken die drei Winkel beziehlich gleich, so sind in den Ergänzungsecken derselben die drei Seiten beziehlich gleich (§. 53.), daher diese congruent (§. 65.); folglich sind auch die ersteren Dreiecke selbst congruent (§. 55.).

§. 68. Zusatz.

Zwei körperliche Dreiecke sind symmetrisch gleich, wenn die drei Winkel in beiden beziehlich gleich sind, und in entgegengesetzter Ordnung auf einander folgen.

Anmerkung. Der Sätze über das körperliche Dreieck lassen sich noch eine Menge auffinden, die denen über das ebene Dreieck analog sind; es wird dem Privatfleiß des Schülers überlassen, sie aufzufinden und zu beweisen.

Dritter Abschnitt.

Von den Körpern.

§. 69. Erklärung.

Da die einen Körper begrenzenden Flächen eben und gekrümmt sein können, so giebt es drei Hauptklassen von Körpern.

1. Körper, deren begrenzende Flächen sämmtlich eben sind, heißen ebenflächige Körper, auch wiewohl weniger passend, eckige Körper.

2. Körper, deren begrenzende Flächen theils eben, theils gekrümmt sind, heißen gemischtflächige Körper; und

3. Körper, deren begrenzende Flächen alle gekrümmt sind, heißen krummflächige Körper.

A. Ebenflächige Körper.

I. Das Prisma.

§. 70. Erklärung.

Legt man durch je zwei auf einanderfolgende von mehreren unter sich parallelen unendlichen graden Linien im Raume, von denen je drei auf einander folgende nicht in einer Ebene liegen, Ebenen, so heißt der von diesen Ebenen umschlossene, nach zwei Seiten hin unbegrenzte Raum ein **prismatischer Raum**.

Jede von diesen Parallelen, in welcher sich zwei auf einander folgende Ebenen schneiden, heißt eine **Kante** des prismatischen Raumes. Die Anzahl der Ebenen ist der Anzahl der Kanten gleich; ein prismatischer Raum heißt daher nkantig oder nseitig, wenn er n Kanten hat, oder von n Ebenen begrenzt wird.

§. 71. Lehrsatz.

Wird ein nkantiger prismatischer Raum durch zwei parallele Ebenen geschnitten, so sind die Durchschnittsfiguren congruente necke, und die zwischen den parallelen Ebenen liegenden Theile der Ebenen, welche den prismatischen Raum begrenzen, sind Parallelogramme. (Fig. 64.)

Beweis. Es sei ABCDEFGHKL ein prismatischer Raum, also AB ∥ CD ∥ EF ∥ GH ∥ KL, und es werde derselbe von den Ebenen MNOPQ und RSTUV geschnitten. Dann ist NM ∥ SR, MQ ∥ RV, QP ∥ VU, u. s. f. (§. 36.), folglich, da auch NS ∥ MR ∥ QV ∥ PU (n. d. Vor.), NR, MV, QU, u. s. f. Parallelogramme, folglich:

$$NM = SR, MQ = RV, QP = VU, \text{ u. s. f.}$$

Ferner ist auch:

$$\angle NMQ = \angle SRV, \angle MQP = \angle RVU, \angle QPO = \angle VUT,$$
u. s. f. (§. 27.)

folglich NMQPO ≌ SRVUT.

Daß die Durchschnittsfiguren necke sind, wenn der prismatische Raum nseitig ist, ist von selbst klar.

§. 72. Erklärung.

Wird ein prismatischer Raum von zwei parallelen Ebenen geschnitten, so ist der zwischen diesen Ebenen enthaltene Theil des prismatischen Raumes ein überall begrenzter Raum, also ein **Körper**, und heißt **Prisma**.

Ein Prisma ist demnach ein von zwei parallelen und congruenten necken und n Parallelogrammen begrenzter Körper.

Die beiden congruenten und parallelen necke heißen Grundebenen, die Parallelogramme Seitenebenen. Jede Gerade, in welcher sich eine Grundebene und eine Seitenebene schneiden, heißt Grundkante, jede Linie, in welcher sich zwei Seitenebenen schneiden, Seitenkante. Die senkrechte Entfernung der beiden Grundebenen von einander heißt Höhe des Prismas.

§. 73. Zusatz.

Wird ein Prisma von einer Ebene geschnitten, welche parallel ist den Grundebenen, so ist die Durchschnittsfigur den Grundebenen congruent.

§. 74. Erklärung.

Ein senkrechtes oder gerades Prisma ist dasjenige, dessen Seitenebenen senkrecht auf den Grundebenen sind, ein schiefes dagegen dasjenige, dessen Seitenebenen nicht senkrecht auf den Grundebenen stehen.

§. 75. Zusatz.

Die Seitenkanten eines senkrechten Prismas stehen ebenfalls senkrecht auf den Grundebenen (§. 32.); und stehen umgekehrt die Seitenkanten eines Prismas senkrecht auf den Grundebenen, so ist es ein gerades. (§. 30.)

§. 76. Erklärung.

Ein Prisma, dessen Grundebenen Parallelogramme sind, heißt ein Parallelepipedum. Ein senkrechtes (§. 74.) Parallelepipedum, dessen Grundebenen Rechtecke sind, heißt ein rechtwinkliges Parallelepipedum. Ein Parallelepipedum endlich, welches von sechs Quadraten begrenzt wird, heißt ein Würfel, Kubus, Hexaeder.

§. 77. Lehrsatz.

In jedem Parallelepipedum sind die gegenüberliegenden Parallelogramme congruent. (Fig. 65.)

Behauptung. $EG \cong AC$, $EB \cong HC$, $BG \cong AH$.

Beweis. Daß die Grundebenen EG und AC congruent sind, folgt aus dem Begriff des Parallelepipedums (§. 76.); und weil

$$EF = GH$$

$$EA = HD$$

$$\angle FEA = \angle GHD \text{ (§. 27.)},$$

so ist auch $EB \cong HC$.

Auf dieselbe Weise wird bewiesen, daß

$$BG \cong AH.$$

§. 78. Grundsatz.

Körper über gleichen Grundebenen und von gleicher Höhe sind gleich, wenn die parallelen Schnitte in gleicher Höhe überall beziehlich sind.

§. 79. Lehrsatz.

Prismen von gleichen Grundebenen und von gleicher Höhe sind einander gleich.

Beweis. Man stelle die Prismen mit ihren Grundebenen auf einerlei Ebene, durchschneide sie in beliebiger, aber gleicher Höhe durch eine Ebene, welche parallel zur Grundebene ist. Die Schnitte sind beziehlich den Grundebenen congruent, folglich vermöge der Vorauss. einander gleich. Was von beliebigen Schnitten in gleicher Höhe gilt, gilt von allen Schnitten in gleicher Höhe; es sind daher die parallelen Schritte in gleicher Höhe überall beziehlich gleich, folglich auch die Prismen gleich (§. 78).

§. 80. Zusätze.

1) Jedes schiefe Prisma ist gleich dem senkrechten Prisma über derselben Grundebene und von gleicher Höhe.

2) Jedes Parallelepidum ist gleich dem rechtwinkligen Parallelepipedum von gleicher Grundebene und Höhe.

§. 81. Erklärung.

Jede durch zwei gegenüberliegende Kanten eines Prismas gehende Ebene, welche nicht Grenzebene desselben ist, heißt eine Diagonalebene.

§. 82. Lehrsatz.

Jedes Parallelepipedum wird durch eine Diagonalebene in zwei gleiche dreiseitige Prismen getheilt; ist das Parallelepipedum senkrecht, so sind die dreiseitigen Prismen zugleich congruent.

Beweis. Die dreiseitigen Prismen, in welche ein Parallelepipedum durch eine Diagonalebene getheilt wird, haben congruente Grundebenen und gleiche Höhen, und sind daher einander gleich. (§. 79.)

2) Ist (Fig. 66.) das Parallelepipedum AHFB senkrecht, und EGAC die Diagonalebene, so bringe man das Prisma AHC so in das Prisma ABG daß D auf B und DC auf AB fällt; dann decken sich die Dreiecke ADC und ABC, weil sie congruent sind. Weil nun DH senkrecht auf der Ebene DB steht, so fällt DH in BF, und da DH = BF, auch H in F. Aus denselben Gründen fällt CG in AE, und G in E, AE in CG und E in G. Dann decken sich aber auch die Dreiecke EHG und EFG, ferner fällt Parallelogramm HA mit dem Parallelogramm GB, und Parallelogramm HC mit dem Parallelogramm EB zusammen, d. h. die Prismen AHC und ACF sind congruent.

§. 83. Zusatz.

1) Jedes dreiseitige Prisma ist die Hälfte eines Parallelepipedums von gleicher Höhe und doppelter Grundebene.

2) Jedes vielseitige Prisma ist die Hälfte eines Parallelepipedums von gleicher Höhe und doppelter Grundebene.

Denn jedes Vieleck kann in ein gleich großes Dreieck, folglich auch ein vielseitiges Prisma in ein gleiches dreiseitiges Prisma verwandelt werden. Was von den dreiseitigen gilt, gilt daher auch von den vielseitigen.

§. 84. Lehrsatz.

Rechtwinklige Parallelepipeda über congruenten Grundebenen verhalten sich, wie ihre Höhen.

Voraussetzung. AC ≌ KM.

Behauptung. AG : KR = AE : KO.

Beweis. 1) Sind (Fig. 67.) die Höhen AE, KO commensurabel, so suche man zu AE und KO das gemeinschaftliche Maaß, und theile sie durch dasselbe in unter sich gleiche Theile. Es enthalte AE m, und KO n solcher Theile, so ist:

1) AE : KO = m : n.

Man lege nun durch die Theilungspunkte der Höhen Ebenen parallel zu den Grundebenen, so wird dadurch das Parallelepipedum AG in m, und das Parallelepipedum KR in n Parallelepipeda getheilt, welche alle einander gleich sind (§. 79.) Es ist daher auch:

2) AG : KR = m : n

folglich 3) AG : KR = AE : KO.

2) Sind (Fig. 68.) die Höhen AE, KO incommensurabel, und verhielt sich nicht AG : KR = AE : KO, so müßte sich AG zu KR verhalten, wie AE zu irgend einer andern Linie, die entweder größer oder kleiner als KO sein müßte. Gesetzt:

AG : KR = AE : KT und KT < KO.

Man theile nun AE durch fortgesetztes Hälften in solche Theile, daß, wenn man einen solchen Theil auf KO so oft aufträgt, als es angeht, ein Theilungspunkt zwischen T und O, etwa nach U fällt. Legt man durch U eine Ebene UV parallel zur Grundebene KM, so ist, weil AE und KU commensurabel sind, (1.):

1) AG : KV = AE : KU.

Es ist aber auch nach der Annahme:

2) AG : KR = AE : KT.

folglich: 3) KV : KR = KU : KT.

Nun ist KU > KT, weil U zwischen T und O fallen soll, folglich müßte auch KV > KR sein, was unmöglich ist, da KV nur ein Theil von KR ist. Derselbe Widerspruch ergiebt sich, wollte man annehmen, AG verhielte sich zu KR, wie AE zu einer Linie, die größer als KO ist. Es verhält sich daher, auch wenn AE und KO incommensurabel sind:

AG : KR = AE : KO.

§. 85. Lehrsatz.

Rechtwinklige Parallelepipeda von gleicher Höhe verhalten sich, wie ihre Grundebenen. (Fig. 69.)

Voraussetzung. GN = BE.

Behauptung. AF : GL = AC : CH.

Beweis. Man stelle beide Parallelepipeda AF und GL mit ihren Grundebenen AC und GO auf einerlei Ebene, und mit zwei ihrer Seitenebenen FB und FG so zusammen, daß die anstoßenden Seitenebenen DF und FO ebenfalls in einerlei Ebene fallen; hierauf erweitere man die Seitenebene AE so, daß sie das Parallelepipedum GL in EM schneidet. Dann ist (§. 84.)

1) AF : BL = AB : BM.

2) BL : GL = CB : CG,

folglich 3) AF : GL = AB . CB : BM . CG,

oder, wenn man CO statt BM setzt:

4) AF : GL = AB · CB : CO · CG.

Es ist aber auch:

5) AC : CH = AB · CB : CO · CG,

folglich: 6) AF : GL = AC : CH.

§. 86. Lehrsatz.

Rechtwinklige Parallelepipeda verhalten sich, wie die Produkte aus ihren Grundebenen und Höhen. (Fig. 70.)

Behauptung. AD : NG = AC · CD : CG · CN.

Beweis. Man stelle die Parallelepipeda mit ihren Grundebenen AC und FH auf einerlei Ebene, und mit zwei ihrer Seitenebenen DB und NF so zusammen, daß die anstoßenden Seitenebenen PD und CK ebenfalls in derselben Ebene liegen; dann erweitere man die Grundebene ED so, daß sie das Parallelepipedum FK in der Ebene DM schneidet. Es verhält sich nun

1) AD : DG = AC : CG (§. 85.)

2) DG : NG = DC : NC (§. 84.),

folglich 3) AD : NG = AC · DC : CG · CN.

Setzt man noch CP · CB statt AC, und CH · CF statt CG, so ist:

4) AD : NG = CP · CB · CD : CH · CF · CN,

d. h. Rechtwinklige Parallelepipeda verhalten sich wie die Produkte aus ihren drei Abmessungen.

§. 87. Zusatz.

Jedes Prisma läßt sich in ein dreiseitiges Prisma, und dieses in ein rechtwinkliges Parallelepipedum verwandeln (§§. 80. 83.). Rechtwinklige Parallelepipeda, deren Grundebenen gleich, aber nicht congruent sind, lassen sich in solche verwandeln, deren Grundebenen congruent sind. Hieraus folgt:

Prismen verhalten sich a) bei gleichen Grundebenen, wie die Höhen, b) bei gleichen Höhen, wie die Grundebenen, und c) überhaupt, wie die Produkte aus ihren Grundebenen und Höhen.

§. 88. Erklärung.

Zur Ausmessung des Rauminhaltes der Körper bedient man sich als Maßeinheit eines Würfels, dessen Seite die Einheit eines Längenmaaßes ist.

Ein Würfel, dessen Seite eine Ruthe ist, heißt Kubikruthe (c^0), ein Würfel, dessen Seite ein Fuß ist, heißt Kubikfuß (c'), ein Würfel, dessen Seite ein Zoll ist, heißt Kubikzoll (c'') u. s. w. Unter dem körperlichen oder kubischen Inhalte eines Körpers versteht man die Zahl, welche angiebt, wieviel solcher Würfel ein Körper enthält.

§. 89. Lehrsatz.

Der körperliche Inhalt eines jeden Prismas wird ausgedrückt durch das Produkt aus Grundebene und Höhe.

Beweis. Es sei P ein Prisma und W der als Maßeinheit für P dienende Würfel (§. 88). Die Grundebene von P sei g und die Höhe h, so ist, weil Grundebene und Höhe des Würfels W in Beziehung auf Grundebene und Höhe des Prismas P jede gleich der Einheit ist,

$$P : W = g \,.\, h : 1 \,.\, 1 \text{ (§. 87.)}$$

folglich ist $P = g \,.\, h \,.\, W$.

d. h. es sind in P so viele W enthalten, als das Produkt $g \,.\, h$ Einheiten enthält.

§. 90. Zusatz.

Ist l die Grundseite und b die Höhe der Grundebene g eines Parallelepipedums p, so ist

$$g = l \,.\, b$$

folglich

$$p = l \,.\, b \,.\, h$$

d. h. der Inhalt eines Parallelepipedums ist das Produkt aus dessen Länge, Breite und Höhe.*)

Beispiel. Ist ein Parallelepipedum 20' hoch, 8' breit und 10' lang, so ist dessen Kubikinhalt: $20 \,.\, 8 \,.\, 10 = 1600\,c'$.

II. Die Pyramide.

§. 91. Erklärung.

Wird eine n seitige körperliche Ecke von einer Ebene geschnitten, welche alle Seiten der Ecke schneidet, so heißt der durch diese

---

*) Es versteht sich von selbst, daß hier nur von den auf einander senkrechten Dimensionen des Parallelepipedums die Rede ist.

Ebene von der körperlichen Ecke abgeschnittene Körper eine Pyramide.

Eine Pyramide ist demnach ein Körper, der von einem neck und n in einem Punkte zusammenstoßenden Dreiecken begrenzt wird.

Von den die Pyramide begrenzenden Ebenen heißt das neck die Grundebene, und jedes der nDreiecke eine Seitenebene oder ein Seitendreieck. Nach der Anzahl der Seitendreiecke, welche gleich ist der Anzahl der Seiten der Grundebene heißt die Pyramide drei-, vier-, überhaupt nseitig. Die geraden Linien, in denen je zwei benachbarte Seitendreiecke zusammenstoßen, heißen Seitenlinien oder Seitenkanten; jede Linie, in welcher ein Seitendreieck und die Grundebene zusammenstoßen, Grundkante. Der Punkt, in welchem alle Seitendreiecke zusammenstoßen, heißt die Spitze, und die senkrechte Entfernung der Spitze von der Grundebene die Höhe der Pyramide.

§. 92. Lehrsatz.

Liegt die Grundebene einer Pyramide in einem Kreise, und trifft die Höhe derselben den Mittelpunkt dieses Kreises, so sind alle Seitenkanten der Pyramide einander gleich. (Fig. 71.)

Beweis. Liegt die Grundebene ABCD der Pyramide ABCDG in einem Kreise und trifft die Höhe GF den Mittelpunkt F dieses Kreises, so ergiebt sich, wenn man AF, BF, CF, DF zieht, aus der Congruenz der Dreiecke AFG, BFG, CFG, DFG, daß

$$AG = BG = CG = DG.$$

§. 93. Lehrsatz.

Sind alle Seitenkanten einer Pyramide einander gleich, so liegt die Grundebene derselben in einem Kreise, und die Höhe derselben trifft den Mittelpunkt des Kreises.

Wird auf ähnliche Art bewiesen, wie der vorhergehende Satz.

§. 94. Erklärung.

Eine Pyramide, deren sämmtliche Seitenkanten einander gleich sind, heißt gleichseitig; im entgegengesetzten Falle ungleichseitig.

Eine von vier gleichseitigen Triangeln begrenzte Pyramide heißt ein regulärer Tetraëder.

§. 95. Lehrsatz.

Wird eine Pyramide durch eine der Grundebene parallele Ebene geschnitten, so ist die Durchschnittsfigur ein der Grundebene ähnliches Vieleck. (Fig. 72.)

Voraussetzung. GHKLM || ABCDE.

Behauptung. GHKLM ∾ ABCDE.

Beweis. Weil GHKLM || ABCDE, so ist HG || AB, HK || BC, KL || CD, u. s. f. (§. 36.), folglich ∠GHK = ∠ABC, ∠HKL = ∠BCD, u. s. f. (§. 27.) Weil ferner △HGF ∾ △BFA, so ist

HG : BA = HF : BF

und weil auch △HFK ∾ △BFC, so ist auch

HK : BC = HF : BF,

daher auch HG : AB = HK : BC.

Auf gleiche Weise ergiebt sich, daß

HK : BC = KL : CD = LM : DE = u. s. f.

Es ist daher GHKLM ∾ ABCDE.

§. 96. Lehrsatz.

In jeder Pyramide verhalten sich die parallelen Schnitte wie die Quadrate ihrer Entfernungen von der Spitze. (Fig. 73.)

Voraussetzung: FGHK || ABCD.

Behauptung: FGHK : ABCD = $EL^2 : EM^2$.

Beweis. Man fälle von E auf FGHK die Senkrechte EL und verlängere sie, bis sie die Grundebene ABCD in M trifft; dann ist EM senkrecht auf der Grundebene ABCD (§. 39.). Zieht man noch FL, AM, so ist FL || AM. (§. 36.) Nun ist

FGHK ∾ ABCD,

folglich 1) FGHK : ABCD = $FG^2 : AB^2$.

Weil aber AB || FG, (§. 36.), so verhält sich auch:

2) FG : AB = FE : AE

und weil AM || FL, und daher △AEM ∾ △FEL, so ist auch:

3) $FE : AE = EL : EM$,
folglich 4) $EL : EM = FG : AB$,
mithin 5) $EL^2 : EM^2 = FG^2 : AB^2$.
Aus 5) und 1) folgt nun:
6) $FGHK : ABCD = EL^2 : EM^2$.

§. 97. Lehrsatz.

Pyramiden über gleichen Grundebenen und von gleicher Höhe sind einander gleich.

Beweis. Man denke sich zwei Pyramiden P und P′; die Grundebenen einer jeden sei gleich g, und die Höhen gleich h. In beliebiger aber gleicher Entfernung x von der Spitze durchschneide man jede durch eine Ebene; die Durchschnittsfigur, welche in P entsteht, sei Q; die in P′ sei Q′. Dann verhält sich (§. 96.)

$$g : Q = h^2 : x^2$$
$$g : Q' = h^2 : x^2,$$

folglich ist $Q = Q'$.

Es sind daher in den Pyramiden P und P′ die parallelen Schnitte in gleicher Höhe überall beziehlich gleich, daher $P = P'$ (§. 78.)

§. 98. Lehrsatz.

Jede dreiseitige Pyramide ist der dritte Theil eines dreiseitigen Prisma's von gleicher Höhe und Grundebene. (Fig. 74.)

Beweis. Man lege durch die Spitze D der dreiseitigen Pyramide ABCD eine Ebene parallel zur Grundebene ABC, ziehe durch A und B Parallelen zu DC, bis sie diese parallele Ebene in E und F schneiden, und ziehe FE, ED, FD, so ist der Körper ABCEFD ein dreiseitiges Prisma. (§. 72.) Man ziehe noch in dem Seitenparallelogramme FA die Diagonale BE. Dann ist $\triangle EDA \cong DAC$. Die dreiseitigen Pyramiden EADB und DACB haben daher gleiche Grundebenen, AED = ADC, und da beide die Spitze B gemeinschaftlich haben, und ihre Grundebenen in einerlei Ebene liegen, auch gleiche Höhe, und sind daher (§. 97.) einander gleich. Ferner ist $\triangle BFE = \triangle BEA$. Die dreiseitigen Pyramiden BFED und BEAD haben daher gleiche Grundebenen, und da beide die Spitze D gemeinschaftlich haben, und ihre Grundebenen BFE und BEA in einerlei Ebene liegen, auch gleiche Höhe, sie sind daher (§. 97.) einander gleich. Es ist also

Pyr. ABCD = Pyr. EDAB = Pyr. BFED

und da Prisma BACEFD = Pyr. ABCD + Pyr. EDAB + Pyr. BFED, so ist auch Prisma BACEFD = 3 Pyr. ABCD, folglich Pyr. ABCD der dritte Theil des Prisma's ABCEFD, welches mit der Pyramide ABCD gleiche Höhe und gleiche Grundebene hat.

§. 99. Lehrsatz.

Der körperliche Inhalt einer dreiseitigen Pyramide ist der dritte Theil des Products aus Grundebene und Höhe.

Der Beweis ergiebt sich leicht aus dem vorhergehenden Satze und §. 89.

§. 100. Zusatz.

Ist g die Grundebene einer nseitigen Pyramide P und h deren Höhe, und denkt man sich eine dreiseitige Pyramide P′ von gleicher Grundebene und Höhe mit P, so ist der Inhalt von P′

$$\frac{g \cdot h}{3} \text{ (§. 99.).}$$

Weil nun P = P′ (§. 97.), so ist auch der Inhalt von P:

$$\frac{g \cdot h}{3},$$

d. h. auch der Inhalt einer nseitigen Pyramide ist der dritte Theil des Productes aus deren Grundebene und Höhe.

§. 101. Zusatz.

Pyramiden verhalten sich a) bei gleichen Grundebenen, wie ihre Höhen; b) bei gleichen Höhen, wie ihre Grundebenen, und allgemein c) wie die Producte aus ihren Grundebenen und Höhen.

§. 102. Erklärung.

Wird eine Pyramide ABCDE (Fig. 75.) durch eine Ebene FGHK parallel zur Grundebene geschnitten, so heißt der Theil der Pyramide, welcher zwischen den beiden parallelen Ebenen liegt, eine abgekürzte Pyramide, oder ein Pyramidenstumpf.

Eine abgekürzte Pyramide oder ein Pyramidenstumpf ist daher ein Körper, der von zwei parallelen ähnlichen Vielecken und so vielen Paralleltrapezen begrenzt wird, als die Grundebene Seiten hat. Die Pyramide, welche einen Pyramidenstumpf zu einer vollständigen Pyramide ergänzt, heißt dessen **Ergänzungspyramide.**

§. 103. Aufgabe.

Den Inhalt einer abgekürzten Pyramide zu finden, wenn die parallelen Grundebenen, und die Höhe, d. h. die senkrechte Entfernung derselben, gegeben sind. (Fig. 76.)

Auflösung. Man verlängere die Kanten AE, BF, CG, DH, bis sie sich in K schneiden, und fälle von K die Senkrechte L auf EFGH, und verlängere diese, bis sie die untere Grundebene ABCD in M trifft; da ABCD || EFGH, so steht auch KM senkrecht auf ABCD. Es sei die untere Grundebene ABCD $=$ a, die obere EFGH $=$ b, die senkrechte Entfernung beider LM, oder die Höhe der abgestumpften Pyramide $=$ h, und KL, die Höhe der Ergänzungspyramide, $=$ x. Nun ist der Inhalt der Pyramide ABCDK

$$\frac{a(h+x)}{3},$$

der Inhalt der Ergänzungspyramide EFGHK

$$\frac{bx}{3},$$

der Inhalt der abgekürzten Pyramide daher:

$$\frac{a(h+x)}{3} - \frac{bx}{3}$$

oder: $\frac{ah + (a - b)x}{3}$.

Da sich in jeder Pyramide die parallelen Schnitte verhalten, wie die Quadrate ihrer Entfernungen von der Spitze, so verhält sich:

$$a : b = (h+x)^2 : x^2$$

oder auch $\sqrt{a} : \sqrt{b} = h + x : x$,

Hieraus folgt: $x = \frac{h\sqrt{b}}{\sqrt{a} - \sqrt{b}}$.

Setzt man diesen Werth für x in obigen Ausdruck für den Inhalt der abgekürzten Pyramide, so findet man nach gehöriger Reduction für den Inhalt der abgekürzten Pyramide den Ausdruck:

$\frac{1}{3} h \left[a + \sqrt{ab} + b\right]$.

III. Die regelmäßigen Polyeder.

§. 104. Erklärung.

Ein regelmäßiges Polyeder ist ein Körper, dessen Grenzflächen congruente regelmäßige Vielecke sind.

§. 105. Lehrsatz.

Es giebt nur fünf verschiedene regelmäßige Polyeder.

Beweis. Soll ein Körper von congruenten regelmäßigen Vielecken begrenzt werden, so muß eine bestimmte Anzahl derselben eine körperliche Ecke bilden können. Hieraus folgt, daß die Summe der eine Ecke des regelmäßigen Polyeders bildenden Winkel kleiner als 4R sein muß. (§. 58.) Nun ist

1) jeder Winkel im gleichseitigen Dreieck gleich 60°. Es können daher nur je drei, je vier, und je fünf congruente gleichseitige Dreiecke eine körperliche Ecke bilden.

2) Jeder Winkel im regelmäßigen Viereck ist gleich 90°. Es können daher nur je drei congruente Quadrate eine Ecke bilden.

3) Jeder Winkel eines regelmäßigen Fünfecks ist gleich 108°. Es können daher nur je drei congruente regelmäßige Fünfecke eine Ecke bilden.

Da der Winkel eines regelmäßigen Sechsecks schon 120° beträgt, und die Vieleckswinkel mit der Seitenzahl immer größer werden, so folgt daraus, daß ein regelmäßiges Polyeder nur entweder von gleichseitigen Dreiecken, oder von Quadraten, oder von regelmäßigen Fünfecken begrenzt sein kann.

§. 106. Erklärung.

Die fünf regulären Polyeder sind folgende:

das Tetraëder,	begrenzt von	4	congruenten	gleichseit.	Dreiecken
„ Octaëder,	„ „	8	„	„	„
„ Icosaëder,	„ „	20	„	„	„
„ Hexaëder,	„ „	6	„	regelmäßig.	Vierecken
„ Dodecaëder,	„ „	12	„	„	Fünfecken.

B. Die gemischtflächigen Körper.

I. Der Cylinder.

§. 107. Erklärung.

Bewegt sich eine gerade Linie so um die Peripherie eines Kreises, daß sie mit dem Kreise nicht in einerlei Ebene liegt, und ihrer ersten

Lage stets parallel bleibt, so heißt die bei dieser Bewegung erzeugte krumme Fläche eine **cylindrische Fläche**, und der nach zwei Seiten unbegrenzte Raum, den sie umschließt, ein **cylindrischer Raum**.

Aus der Entstehung der cylindrischen Fläche folgt, daß sich in derselben unendlich viele gerade Linien ziehen lassen, welche parallel sind mit der geraden Linie, welche die Fläche erzeugte. Jede solche gerade Linie heißt eine **Seite** der cylindrischen Fläche, und der die Bewegung der Geraden leitende Kreis der **Grundkreis**.

§. 108. Lehrsatz.

Wird eine cylindrische Fläche durch eine mit der Ebene des Grundkreises parallele Ebene geschnitten, so ist die Durchschnittsfigur ein Kreis, der dem Grundkreise congruent ist. (Fig. 77.)

Beweis. Durch den Mittelpunkt M des Grundkreises ABC ziehe man eine Linie MN parallel zu den Seiten der Cylinderfläche, und verlängere dieselbe, bis sie die schneidende Ebene DEF in N trifft. Man ziehe beliebig in der Cylinderfläche zwei Seiten DA, EC, welche der Entstehung der cylindrischen Fläche gemäß untereinander, folglich auch mit MN parallel sind, und lege durch DA und MN, und EC und MN Ebenen, welche die parallelen Ebenen ABC und DEF in AM, DN, und in CM, EN schneiden; dann ist AM || DN, CM || EN (§. 36.), folglich DM und EM Parallelogramme, und daher AM = DN, CM = EN; da nun AM = CM, als Radien des Grundkreises, so ist auch DN = EN. Es sind daher je zwei beliebig von N nach der Begrenzung der Durchschnittsfigur DEF gezogene gerade Linien gleich, daher dieselbe ein Kreis; und da DN = AM ist, so sind die Kreise DEF und ABC auch congruent.

§. 109. Erklärung.

Der von zwei congruenten und parallelen Kreisen und einer sich um dieselben herumziehenden cylindrischen Fläche begrenzte Körper heißt ein **Cylinder**. Die beiden Kreise heißen die **Grundebenen**, und die cylindrische Fläche der **Mantel** des Cylinders; die gerade Linie, welche die Mittelpunkte der Grundebenen verbindet, heißt die **Axe**, der normale Abstand der Grundebenen die **Höhe** des Cylinders. Aus §. 108 geht hervor, daß die Axe eines

Cylinders immer den Seiten des Cylinders parallel ist. Ein Cylinder ist senkrecht oder grade, wenn seine Axe senkrecht auf den Grundebenen steht, schief, wenn dies nicht der Fall ist.

§. 110. Lehrsatz.

Der Inhalt eines Cylinders wird dargestellt durch das Produkt aus dessen Grundebene und Höhe. Ist demnach der Radius der Grundfläche r, die Höhe h, so ist dessen Inhalt $J = \pi r^2 h$.

Beweis. Es sei g die Grundebene und h die Höhe eines Cylinders C. Man denke sich ein Prisma, welches mit dem Cylinder gleiche Grundebene und gleiche Höhe hat. In beliebiger, aber gleicher Höhe durchschneide man beide Körper durch Ebenen, welche den Grundebenen parallel sind. Die Durchschnittsfiguren sind den Grundebenen beziehlich gleich, folglich einander selbst gleich, daher (§. 78.) beide Körper an Inhalt gleich. Da nun der Inhalt von P gleich $g \cdot h$ ist, so ist auch der Inhalt von C gleich $g \cdot h$, oder da $g = r^2 \pi$ ist, der Inhalt von C gleich $\pi r^2 h$.

§. 111. Zusatz.

1) Cylinder von gleichen Grundebenen verhalten sich, wie ihre Höhen.

2) Cylinder von gleichen Höhen verhalten sich, wie ihre Grundebenen, oder, da diese stets Kreise sind, wie die Quadrate der Radien oder Durchmesser der Grundebenen.

3) Cylinder verhalten sich überhaupt, wie die Produkte aus den Grundebenen und Höhen, oder auch, wie die Produkte aus den Quadraten der Radien der Grundebenen in die Höhen.

§. 112. Lehrsatz.

Der Inhalt des Mantels eines normalen Cylinders ist gleich dem Produkte aus der Peripherie der Grundebene in die Höhe des Cylinders.

Beweis. Weil aus der Erzeugung der Cylinderfläche hervorgeht, daß je zwei nächste Seiten derselben in einerlei Ebene liegen, oder, weil die Cylinderfläche, als aus unendlich kleinen Parallelogrammen zusammengesetzt gedacht werden kann, so läßt sich jede Cylinderfläche in eine Ebene aufrollen oder abwickeln. Da bei einem senkrechten Cylinder alle diese unendlich kleinen Parallelogramme gleiche Höhe haben, so wird bei der Abwickelung des Mantels eines senkrechten Cylinders ein Rechteck entstehen, dessen Grundlinie die Peripherie der Grundebene, und dessen Höhe die Seite, oder da diese gleich der Höhe des Cylinders ist, die Höhe des Cylinders ist. Man hat daher, wenn M den Inhalt des Mantels bezeichnet: $M = 2\pi rh$.

Der Mantel des schiefen Cylinders läßt sich auf elementarem Wege nicht bestimmen.

§. 113. Aufgabe.

Den Inhalt einer cylindrischen Röhre zu berechnen.

Auflösung. Es sei der Durchmesser der Röhre $= D$, die Dicke derselben $= d$ und die Höhe derselben $= h$, so ist der kubische Inhalt $= \pi h (D - d) d$.

Beweis. Eine cylindrische Röhre ist ein Körper, der entsteht, wenn aus einem Cylinder ein concentrischer kleinerer Cylinder herausgeschnitten wird. Der Inhalt desselben wird demnach gleich sein dem Unterschiede beider Cylinder. Es sei der Radius der Grundebene des äußern Cylinders R, der Radius der Grundebene des innern concentrischen Cylinders $= r$, so ist

der Inhalt des erstern $= \pi R^2 h$,
der Inhalt des letztern $= \pi r^2 h$, folglich
der Inhalt der Röhre $= \pi R^2 h - \pi r^2 h$ oder:

$$\pi h (R^2 - r^2),$$

oder da $R^2 - r^2 = (R + r)(R - r)$:

$$J = \pi h (R + r)(R - r).$$

Nun ist $R - r =$ der Dicke oder Stärke der Röhre $= d$ und $r = R - d$; daher $R + r = 2R - d = D - d$, folglich

$$J = \pi h (D - d) d.$$

II. Der Kegel.

§. 114. Erklärung.

Bewegt sich eine grade Linie so um die Peripherie eines Kreises, daß sie während dieser Bewegung stets durch einen und denselben Punkt außerhalb der Ebene dieses Kreises und ihrer Erweiterung hindurchgeht, so heißt die bei dieser Bewegung erzeugte krumme

Fläche eine Kegelfläche, und der Körper, welcher von diesem Kreise und demjenigen Theil dieser krummen Fläche begrenzt wird, welcher zwischen der Kreisebene und dem festen Punkte liegt, ein Kegel; der feste Punkt heißt die Spitze, die den Kegel begrenzende krumme Fläche der Mantel, der Kreis die Grundebene und der senkrechte Abstand der Spitze von der Grundebene die Höhe des Kegels. Aus der Entstehungsart der Kegelfläche folgt, daß jede grade Linie, welche die Spitze des Kegels mit irgend einem Punkte der Peripherie des Grundkreises verbindet, ganz in die Kegelfläche fällt; jede solche Grade heißt eine Seite des Kegels. Die Grade von der Spitze des Kegels nach dem Mittelpunkte der Grundebene heißt die Axe des Kegels. Ein senkrechter Kegel ist derjenige, dessen Axe senkrecht auf der Grundebene steht; ein schiefer derjenige, wo dies nicht der Fall ist.

§. 115. Zusatz.

Wird ein Kegel durch eine Ebene geschnitten, welche durch die Axe des Kegels geht, so ist die Durchschnittsfigur ein ebenes Dreieck.

§. 116. Lehrsatz.

Alle Seiten eines senkrechten Kegels sind einander gleich. (Fig. 78.)

Beweis. Verbindet man zwei beliebige Punkte A, E, in der Peripherie der Grundebene AEB des senkrechten Kegels AEBC mit der Spitze C des Kegels und dem Mittelpunkte D der Grundebene, so ist

$$\triangle ADC \cong \triangle EDC$$

und daher

$$AC = EC.$$

§. 117. Lehrsatz.

Wird ein Kegel durch eine Ebene parallel zur Grundebene geschnitten, so ist die Durchschnittsfi ur ein Kreis. (Fig. 79.)

Beweis. Man ziehe die Axe des Kegels DC, welche die Durchschnittsebene in M schneidet, und verbinde zwei beliebige Punkte A, H in der Peripherie der Grundebene mit der Spitze C; die Punkte, in welchen die Seiten AC und HC die Durchschnittsfigur treffen — seien F, K. Diese verbinde man mit dem Punkte M.

Nun ist FM ∥ AD (§. 36.), und daher $\triangle FMC \sim \triangle ACD$; folglich verhält sich

$$1)\ FM : AD = CM : CD.$$

Aus denselben Gründen verhält sich auch:

$$2)\ KM : HD = CM : CD,$$

folglich: $$3)\ FM : AD = KM : HD.$$

Weil nun $AD = HD$, so ist auch $FM = KM$.

Was von den Punkten F und K gilt, gilt auch von allen übrigen Punkten der Begrenzung der Durchschnittsfigur, diese ist daher ein Kreis.

§. 118. Zusatz.

Ist CR (Fig. 79.) die Höhe des Kegels ACB und CN die senkrechte Entfernung des Schnittes FG von der Spitze, so ist, wenn man MN, DR zieht,

$$MN \parallel DR,$$

daher $$MC : CD = CN : CR.$$

Nach dem Vorhergehenden ist aber:

$$MC : CD = FM : AD,$$

folglich $$FM : AD = CN : CR.$$

Nun ist $FKG : AHB = FM^2 : AD^2$,

folglich $FKG : AHB = CN^2 : CR^2$,

d. h. die der Grundebene parallelen Kegelschnitte verhalten sich wie die Quadrate ihrer Entfernungen von der Spitze.

§. 119. Erklärung.

Wird ein Kegel von einer Ebene, die nicht parallel zur Grundebene ist, geschnitten, so entstehen, je nach der besonderen Lage der schneidenden Ebene, besondere krumme Linien als Durchschnittsfiguren, die mit einem gemeinschaftlichen Namen **Kegelschnitte** heißen.

Es sei (Fig. 80.) in dem Kegel BCA, BCA ein Axenschnitt, der senkrecht auf dem Kegelschnitte KGH steht, und DG die Durchschnittslinie des Axenschnittes und des Kegelschnitts. Ist nun $\angle DGA > \angle BCA$, so ist die Kegelschnittslinie DHGK eine **Ellipse**; ist $\angle D'GA = \angle BCA$, d. h. ist der Schnitt parallel der Seite des Kegels, so ist die Kegelschnittslinie H'GK' ein **Parabel**; ist $\angle D''GA < \angle BCA$, so ist die Kegelschnittslinie H''GK'' eine **Hyperbel**.

§. 120. Lehrsatz.

Der körperliche Inhalt eines Kegels ist der dritte Theil des Produkts aus dessen Grundebene und Höhe.

Bezeichnet K den Inhalt, r den Radius der Grundebene und h die Höhe des Kegels, so ist:

$$K = \frac{1}{3}r^2\pi h.$$

Beweis. Ist g die Grundebene und h die Höhe eines Kegels K und denkt man sich eine Pyramide P, welche mit K gleiche Grundebene und Höhe hat, so sind beide Körper an Inhalt gleich. Denn durchschneidet man beide Körper in beliebiger, aber gleicher Höhe durch Ebenen, welche den Grundebenen parallel sind, so läßt sich leicht vermittelst §. 118. und §. 96. darthun, daß die parallelen Schnitte in beiden Körpern einander gleich sind. Da nun der Inhalt von $P = \frac{g \cdot h}{3}$ ist, so ist auch der Inhalt von $K = \frac{g \cdot h}{3}$.

§. 121. Zusatz.

Der Kegel ist daher der dritte Theil eines Cylinders von gleicher Grundebene und Höhe.

§. 122. Aufgabe.

Den Mantel eines senkrechten Kegels zu berechnen.

Auflösung. Da der Mantel des Kegels als aus unendlich kleinen Triangeln, von denen je zwei eine Seite gemeinschaftlich haben, bestehend betrachtet werden kann, so läßt sich der Mantel des Kegels, wie der des Cylinders, in eine Ebene ausbreiten oder abwickeln. Da nun bei einem senkrechten Kegel alle Seitenlinien einander gleich sind, folglich die kleinen Triangel als gleichschenklige Triangel von gleicher Basis betrachtet werden müssen, die alle gleiche Höhe haben, so wird die Peripherie der Grundebene bei der Abwickelung einen Kreisbogen bilden, dessen Radius gleich der Seite des Kegels und dessen Länge gleich der Peripherie des Grundkreises ist.

Die Fläche des Kegelmantels ist daher abgewickelt ein Kreisausschnitt, dessen Radius die Seite des Kegels, und dessen Bogen gleich der Peripherie des Grundkreises ist: folglich, wenn M der Mantel, a die Seite und r der Radius der Grundfläche ist:

$$M = \frac{2\pi ra}{2} = ar\pi.$$

§. 123. Erklärung.

Wird ein Kegel durch eine Ebene parallel zur Grundebene geschnitten, so heißt der Theil des Kegels zwischen den beiden parallelen Ebenen, ein abgekürzter Kegel, oder Kegelstumpf. Derjenige Kegel, welcher einen abgekürzten Kegel zu einem vollständigen Kegel ergänzt, heißt Ergänzungskegel.

§. 124. Aufgabe.

Den Inhalt eines abgekürzten Kegels zu berechnen, wenn die Radien der beiden Grundebenen, und der senkrechte Abstand derselben gegeben sind. (Fig. 79.)

Auflösung. Es bezeichne x die Höhe GF des Ergänzungskegels CDG. Dann ist der Inhalt des abgekürzten Kegels gleich dem Unterschiede der Inhalte des ganzen Kegels AGB und des Ergänzungskegels CGD, folglich, da

der Kegel AGB $= \frac{1}{3}\pi R^2 (h + x)$

und Kegel CGD $= \frac{1}{3}\pi r^2 x$,

der abgekürzte Kegel ACDB $= \frac{1}{3}\pi R^2 (h + x) - \pi r^2 x$

$= \frac{1}{3}\pi [R^2 h + R^2 x - r^2 x]$

$= \frac{1}{3}\pi [R^2 h + (R^2 - r^2) x]$.

Nun verhält sich:

$$R : r = h + x : x,$$

mithin $$x = \frac{hr}{R - r}.$$

Setzt man diesen Werth für x in obigen Ausdruck, so erhält man:

$$K = \frac{1}{3}\pi h [R^2 + Rr + r^2].$$

§. 125. Aufgabe.

Den Mantel eines senkrechten abgekürzten Kegels zu berechnen, wenn die Radien der Grundebenen und die Seite desselben gegeben sind.

Auflösung. Da der Mantel eines abgekürzten Kegels gleich dem Unterschiede des Mantels des vollständigen Kegels, von welchem der abgekürzte ein Theil ist, und des Ergänzungskegels ist, so sei die Seite des Ergänzungskegels x. Dann ist, wenn die R und r die Radien der Grundebenen und a die Seite des abgekürzten Kegels ist: der Mantel des vollständigen Kegels

$$(a + x) R\pi$$

und der Mantel des Ergänzungskegels:

$$xr\pi,$$

folglich der Mantel des abgekürzten Kegels:

$$(a + x) R\pi - xr\pi = \pi (aR + Rx - xr),$$

$$\pi (aR + (R - r) x).$$

Nun verhält sich:

$$R:r = a + x:x,$$

$$\text{folglich } x = \frac{ar}{R - r}.$$

Setzt man für x diesen Werth in obigen Ausdruck, so erhält man für den Mantel des abgekürzten Kegels den Ausdruck:

$$a(R + r)\pi.$$

§. 126. Zusatz.

Die zuletzt gefundene Formel für den Inhalt des Mantels eines abgekürzten Kegels läßt sich auch schreiben:

$$2a\left(\frac{R + r}{2}\right)\pi.$$

Setzt man $\frac{R + r}{2} = \varrho$, so ist der Mantel des abgekürzten Kegels $= 2a\varrho\pi$, d. h. gleich dem Product aus der Seitenlinie in die Peripherie eines Kreises, dessen Radius das arithmetische Mittel aus den Radien der beiden Grundebenen ist.

C. Krummflächige Körper.

Die Kugel.

§. 127. Erklärung.

Die Kugel ist ein Körper, der von einer einzigen krummen Fläche so begrenzt ist, daß alle Punkte der begrenzenden Fläche von einem Punkte im Innern des Körpers gleich weit entfernt sind. Die begränzende krumme Fläche heißt Kugelfläche, der Punkt im Innern, von welchem alle Punkte der Kugelfläche gleich weit entfernt sind, heißt der Mittelpunkt der Kugel und Kugelfläche.

Jede gerade Linie vom Mittelpunkt einer Kugel nach irgend einem Punkte ihrer Oberfläche heißt Halbmesser; jede gerade, durch den Mittelpunkt gehende, und von beiden Seiten von der Kugelfläche begrenzte Linie heißt ein Durchmesser der Kugel. Aus dem Begriff der Kugelfläche folgt, daß alle Radien, und ebenso alle Durchmesser der Kugel einander gleich sind.

§. 128. Lehrsatz.

Wird eine Kugel durch eine Ebene geschnitten, so ist die Durchschnittsfigur ein Kreis.

Beweis. Die schneidende Ebene geht entweder durch den Mittelpunkt, oder nicht. — 1. Geht die schneidende Ebene durch den Mittelpunkt der Kugel, so ist jede in dieser Ebene vom Mittelpunkt der Kugel nach einem Puncte der Begrenzung der Durchschnittsfigur gezogene gerade Linie zugleich ein Radius der Kugel, folglich sind alle diese gerade Linien einander gleich. Die Durchschnittsfigur ist daher ein Kreis, dessen Mittelpunkt der Mittelpunkt der Kugel, und dessen Radius der Radius der Kugel ist.

2. Geht die schneidende Ebene BCD (Fig. 82.) nicht durch den Mittelpunkt der Kugel, so fälle man aus dem Mittelpunkt M der Kugel eine Senkrechte MA auf die Ebene des Schnitts, und verbinde zwei beliebige Punkte B, C, der Durchschnittsfigur mit A, so ist $\triangle BAM \cong \triangle CAM$, und daher

$$BA = CA.$$

Es sind also je zwei beliebige Punkte in der Begrenzung der Durchschnittsfigur von A gleich weit entfernt; die Durchschnittsfigur ist daher ein Kreis, dessen Mittelpunkt A ist.

§. 129. Lehrsätze.

1. Schneidet eine Ebene eine Kugel, so ist die Entfernung derselben vom Mittelpunkte kleiner als der Halbmesser der Kugel, und die vom Mittelpunkte der Kugel auf den Durchschnittskreis gefällte Senkrechte trifft den Mittelpunkt dieses Kreises.

2. Die gerade Linie, welche den Mittelpunkt einer Kugel mit dem Mittelpunkte eines Durchschnittskreises verbindet, steht senkrecht auf der Ebene dieses Kreises.

3. Die gerade Linie, welche in dem Mittelpunkte eines Durchschnittskreises auf der Ebene desselben senkrecht steht, geht durch den Mittelpunkt der Kugel.

Die Beweise dieser Sätze ergeben sich leicht aus dem vorhergehenden §.

§. 130. Erklärung.

Ein Kreis, in welchem eine Ebene und eine Kugelfläche sich schneiden, heißt ein Kugelkreis.

§. 131. Zusatz.

Bezeichnet R den Halbmesser der Kugel, x die senkrechte Entfernung eines Kugelkreises vom Mittelpunkte derselben, so ist, wie sich aus dem rechtwinkligen Dreieck BAM (Fig. 82.) ergiebt, der Radius des Kugelkreises

$$r = \sqrt{(R^2 - x^2)}.$$

Hieraus folgt 1) daß der Halbmesser eines Kugelkreises, folglich dieser selbst, desto größer ist, je kleiner dessen Entfernung vom Mittelpunkt der Kugel ist, und daß er am größten ist, wenn $x = 0$, d. h. wenn er durch den Mittelpunkt der Kugel selbst geht.

Da der Radius eines solchen Kreises zugleich ein Radius der Kugel ist, so ergiebt sich 2), daß alle Kugelkreise, die durch den Mittelpunkt einer Kugel gehen, einander gleich sind.

Endlich folgt 3) daß zwei Kugelkreise einander gleich sind, wenn ihre Entfernungen vom Mittelpunkte der Kugel gleich sind.

§. 132. Erklärung.

Jeder Kugelkreis, dessen Ebene durch den Mittelpunkt der Kugel geht, heißt ein größter Kugelkreis; ein Kugelkreis, dessen Ebene nicht durch den Mittelpunkt der Kugel geht, heißt ein kleinerer Kugelkreis.

§. 133. Lehrsatz.

Ein größter Kugelkreis theilt die Kugel und die Kugelfläche in zwei congruente Theile.

Beweis. Man bringe die Theile so in einander, daß sie den sie begrenzenden Kugelkreis wieder gemeinschaftlich haben, beide Theile der Kugelfläche aber auf dieselbe Seite desselben fallen. Dann ergiebt sich leicht, daß auch beide Theile der Kugelfläche in allen Punkten zusammenfallen müssen.

§. 134. Erklärung.

Der von einem größten Kugelkreise und der Hälfte der Kugelfläche begrenzte Theil der Kugel heißt Halbkugel.

§. 135. Zusatz.

Ein kleinerer Kugelkreis theilt die Kugel und die Kugelfläche in zwei ungleiche Theile, von welchen derjenige der größere ist, in welchem der Mittelpunkt der Kugel liegt.

§. 136. Erklärung.

Jeder von den beiden Theilen, in welche ein Kugelkreis die Kugel=

fläche theilt, heißt eine Calotte, und jeder von den beiden Theilen der Kugel selbst ein Kugelabschnitt.

Eine Calotte ist daher jeder von einem Kugelkreise begrenzte Theil der Kugelfläche; ein Kugelabschnitt jeder von der Ebene eines Kugelkreises und der zugehörigen Calotte begrenzte Theil der Kugel.

Die in dem Mittelpunkte des Kugelkreises, welcher einen Kugelabschnitt begrenzt, errichtete und bis an die Kugelfläche verlängerte Senkrechte, heißt die Höhe des Kugelabschnittes und der ihn begrenzenden Calotte.

§. 137. Erklärung.

Errichtet man in dem Mittelpunkte eines Kugelkreises auf der Ebene desselben eine Senkrechte, und verlängert man diese auf beiden Seiten, bis sie die Kugelfläche trifft, so heißt diese Senkrechte, welche ein Durchmesser der Kugel ist, die Axe, und die Punkte, in welchen sie die Oberfläche der Kugel trifft, die Pole des Kugelkreises. Jeder durch die Axe gehende größte Kugelkreis heißt ein Meridiankreis, oder schlechthin Meridian.

§. 138. Lehrsatz.

Jeder Pol eines Kugelkreises ist von allen Punkten in der Peripherie desselben gleich weit entfernt. (Fig. 83.)

Beweis. Ist DF die Axe des Kugelkreises AGB, und daher D und F die Pole desselben, und verbindet man zwei beliebige Punkte A, G der Peripherie dieses Kugelkreises mit dem Pol D und dem Mittelpunkt C desselben durch gerade Linien, so ist

$$\triangle ACD \cong \triangle GCD,$$

folglich $AD = DG.$

§. 139. Zusatz.

Erweitert man die Ebenen ACD und GCD, bis sie die Kugelfläche in zwei größten Kugelkreisen schneidet, so sind die von A, D, und G, D begrenzten Bogen dieser Kreise einander gleich, weil in congruenten Kreisen zu gleichen Sehnen gleiche Bogen gehören.

Die Bogen größter Kugelkreise zwischen dem Pole eines andern Kugelkreises und beliebigen Punkten in der Peripherie des letztern sind also einander gleich.

Und sind 2) die Bogen größter Kugelkreise zwischen einem außerhalb eines Kugelkreises auf der Kugelfläche liegenden Punktes und beliebigen Punkten in der Peripherie desselben einander gleich, so ist dieser Punkt der Pol des Kugelkreises.

§. 140. Erklärung.

Kugelkreise, deren Ebenen parallel sind, heißen Parallelkreise. Der Parallelkreis, welcher zugleich durch den Mittelpunkt geht, heißt Aequator.

§. 141. Zusatz.

Parallelkreise haben eine gemeinschaftliche Axe und gemeinschaftliche Pole.

§. 142. Erklärung.

Der von zwei Parallelkreisen begrenzte Theil der Kugelfläche heißt Zone, und jeder von den Ebenen zweier Parallelkreise und der dazu gehörigen Zone begrenzte Theil der Kugel eine Kugelscheibe oder auch eine körperliche Zone.

Die gerade Linie, welche die Mittelpunkte der beiden eine Kugelscheibe begrenzenden Parallelkreise verbindet, und senkrecht auf den Ebenen der Parallelkreise steht, heißt die Höhe der Kugelscheibe und der ihn begrenzenden Zone.

§. 143. Lehrsatz.

Durch vier Punkte, welche nicht in einer Ebene liegen, ist der Mittelpunkt und der Halbmesser einer Kugel bestimmt, deren Oberfläche durch jene vier Punkte hindurchgeht. (Fig. 84.)

Beweis. In der durch drei von diesen Punkten, etwa A, C, B, gehenden Ebene beschreibe man durch dieselben einen Kreis ACB, dessen Mittelpunkt F sei; in einer zweiten durch drei andere A, D, B, unter diesen vier Punkten gehenden Ebene beschreibe man durch diese drei Punkte einen zweiten Kreis ADB, welcher den ersteren in AB schneidet, und dessen Mittelpunkt G sei. In F errichte man auf der Ebene des Kreises ACB die Senkrechte FH, und in G auf der Ebene des Kreises ADB die Senkrechte GL, welche die erstere in M schneidet; dann ist M der Mittelpunkt und AM der Halbmesser einer Kugel, deren Oberfläche durch die vier Punkte A, B, C, D hindurch geht.

Fällt man aus dem Mittelpunkt F des Kreises ACB auf die Durchschnittslinie AB der beiden Kreise ACB und ADB eine Senkrechte FK und aus G auf AB die Senkrechte GK, so treffen beide die Sehne AB in demselben Punkte K; daher ist ∠FKG der Neigungswinkel der Ebenen ACB und ADB, die Ebene desselben steht daher senkrecht auf den Ebenen ACB und ADB. Da nun FM auf der Ebene ACB senkrecht ist, so liegt FM, und aus demselben Grunde auch GM in dieser Ebene. FM und GM liegen daher in einer Ebene, und schneiden sich, weil sie auf den Schenkeln KF und KG des Winkels FKG beziehlich senkrecht stehen. Daß nun M von den vier Punkten A, B, C, D, gleich weit entfernt ist, ergiebt sich leicht aus der Congruenz der Dreiecke, welche entstehen, wenn man MA, MD, MC, MB, AF, BF, FC, AG, GD, zieht.

§. 144. Zusatz.

Durch zwei Punkte auf der Oberfläche einer Kugel ist ein größter, und durch drei Punkte einer Kugelfläche ein kleinerer Kugelkreis bestimmt.

§. 145. Lehrsatz.

Eine Ebene welche auf dem Endpunkte eines Kugelhalbmessers oder Durchmessers senkrecht steht, trifft die Kugelfläche nur in diesem einzigen Punkte, und liegt sonst ganz außerhalb derselben.

Beweis. Man verbinde einen beliebigen zweiten Punkt der Ebene mit dem Mittelpunkte der Kugel, so ergiebt sich leicht, daß die Entfernung dieses Punktes vom Mittelpunkte größer ist als der Halbmesser.

§. 146. Erklärung.

Eine Ebene, welche die Fläche einer Kugel nur in einem einzigen Punkte trifft, und sonst ganz außerhalb der Kugel liegt, heißt eine Berührungsebene oder Tangentialebene der Kugel, und der Punkt, in welchem sie die Kugelfläche trifft, der Berührungspunkt.

§. 147. Lehrsätze.

1) Die gerade Linie, welche den Berührungspunkt einer Berührungsebene mit dem Mittelpunkt der Kugel verbindet, steht auf der Berührungsebene senkrecht.

2) Die auf dem Mittelpunkte einer Kugel auf eine Berührungsebene gefällte Senkrechte trifft diese im Berührungspunkte.

4) Die in dem Berührungspunkte einer Berührungsebene auf derselben errichtete Senkrechte geht, verlängert, durch den Mittelpunkt der Kugel.

5) In einem Punkte der Kugelfläche giebt es nur eine Berührungsebene.

Die Beweise dieser Sätze lassen sich leicht finden.

§. 148. Zusatz.

Zieht man in einer Berührungsebene durch den Berührungspunkt eine grade Linie, so steht sie auf dem Halbmesser der Kugel senkrecht (§. 6), und trifft die Kugelfläche nur in diesem einzigen Punkte.

§. 149. Erklärung.

Eine grade Linie, welche eine Kugelfläche nur in einem einzigen Punkte trifft, heißt eine Berührungslinie oder Tangente der Kugelfläche, und jener Punkt der Berührungspunkt.

§. 150. Zusatz.

Durch einen Punkt einer Kugelfläche giebt es unendlich viele Tangenten an derselben.

§. 151. Lehrsatz.

Wird eine Kugelfläche von dem Mantel eines senkrechten Kegels geschnitten, dessen Spitze im Mittelpunkt der Kugel liegt, so ist die Durchschnittslinie beider Flächen ein Kreis.

Es sei M der Mittelpunkt der Kugel und A der Punkt, in welchem irgend eine Seite des Kegelmantels und die Kugelfläche sich schneiden. Legt man durch A eine Ebene senkrecht auf die Axe des Kegels, so schneidet diese sowohl die Kugel-, als die Kegelfläche in einem Kreise. Nun sind die Stücke der Seiten des Kegels zwischen der Spitze M und der Durchschnittsebene alle einander gleich und zwar gleich MA. Da nun MA der Halbmesser der Kugel ist, so liegt die Kreislinie, in welcher jene Ebene die Kugelfläche schneidet, zugleich in der Kugelfläche; d. h. die Kegelfläche und die Kugelfläche schneiden sich in jener Kreislinie.

§. 152. Erklärung.

Wird eine Kugelfläche von dem Mantel eines senkrechten Kegels, dessen Spitze der Mittelpunkt der Kugel ist, geschnitten, so theilt die Kegelfläche sowohl die Kugelfläche, als die Kugel selbst in zwei Theile. Jeder von den Theilen der Kugelfläche ist eine Calotte; jeder von den beiden Theilen, in welche die Kugel getheilt wird, heißt ein Kugelausschnitt.

Ein Kugelausschnitt ist daher derjenige Theil einer Kugel, der von einer Calotte und dem um den zugehörigen Kugelkreis sich herumziehenden Mantel eines senkrechten Kegels begrenzt wird, dessen Spitze der Mittelpunkt der Kugel ist.

§. 153. Lehrsatz.

Der körperliche Inhalt der Kugel ist gleich $\frac{4}{3}r^3\pi$.

Beweis. Man beschreibe (Fig. 85.) in einen Kreis ein Polygon von 4n Seiten, so kommen auf einen Quadranten desselben grade n Seiten: CE = ED = DA; zieht man DB, EB, CB, so erhält man n neben einanderliegende Dreiecke, welche zusammengenommen die Fläche des Quadranten desto genauer ausmachen, je größer die Zahl n genommen wird. Denkt man sich daher den Theil CEDA des regelmäßigen Polygons um AB herumgedreht, bis derselbe in seine ursprüngliche Lage zurückgekehrt ist, so beschreibt derselbe einen Körper, der um so weniger von der Halbkugel abweichen wird, je größer n genommen worden ist. Nun beschreibt das Dreieck BAD bei dieser Bewegung einen Doppelkegel, dessen gemeinschaftliche Grundfläche, der von DL beschriebene Kreis ist. Der Inhalt dieses durch Rotation des Dreiecks DAB um die Seite AB entstandenen Körpers ist daher

$$1)\quad \frac{\pi}{3}\cdot DL^2\cdot AL + \frac{\pi}{3}\cdot DL^2\cdot LB = \frac{\pi}{3}\cdot DL^2\cdot AB.$$

Man hälfte die Seiten des Polygons und verbinde die Mittelpunkte derselben mit dem Mittelpunkte B, so ist:

$$BF = BG = BH$$

und

$$\triangle FAB \sim ADL$$

es verhält sich daher:

$$AB : FB = DA : DL$$

folglich

$$2)\quad AB = \frac{FB\cdot DA}{DL}.$$

Setzt man diesen Werth in obigen Ausdruck (1), so erhält man, wenn man der Kürze wegen den durch die Rotation des Dreiecks DBA entstandenen Körper mit P_1 bezeichnet:

$$3)\ P_1 = \tfrac{1}{3}\pi\,\frac{DL^2 \cdot FB \cdot DA}{DL} = \frac{\pi}{3}\,DL \cdot FB \cdot DA.$$

Nun verhält sich auch, wenn man FK || DL zieht, wegen Aehnlichkeit der Dreiecke DAL und BFK:

$$DA : AL = FB : FK$$

folglich $$DA = \frac{AL \cdot FB}{FK}.$$

Setzt man diesen Ausdruck statt DA in den Ausdruck 3), so erhält man:

$$4)\ P_1 = \tfrac{1}{3}\pi \cdot DL \cdot \frac{FB \cdot AL \cdot FB}{FK}.$$

Nun ist $DL = 2FK$, da $AD : FA = DL : FK$,

folglich $$5)\ P_1 = \tfrac{1}{3}\pi \cdot \frac{2FK \cdot FB^2 \cdot AL}{FK} = \tfrac{2}{3}\pi \cdot FB^2 \cdot AL.$$

Der Inhalt des durch Rotation des zweiten Dreiecks EDB um die Axe AB entstandenen Körpers, der mit P_2 bezeichnet werden mag, wird auf folgende Weise gefunden. Verlängert man ED, bis sie die Verlängerung von AB in N schneidet, so beschreibt bei der Rotation des Quadranten um AB das Dreieck BEN wieder einen Doppelkegel, dessen gemeinschaftliche Grundebene der von EM beschriebene Kreis ist. Der Inhalt dieses Doppelkegels ist daher:

$$\frac{\pi}{3} \cdot EM^2 \cdot NB.$$

Um nun den Inhalt des Körpers P_2 zu finden, hat man nur von dem Inhalt des Doppelkegels:

$$\frac{\pi}{3} EM^2 \cdot NB.$$

den Inhalt des durch das Dreieck BDN bei der Umdrehung beschriebenen Doppelkegels abzuziehen. Der Inhalt des letztern ist aber:

$$\frac{\pi}{3} \cdot DL^2 \cdot NB.$$

folglich: $$6)\ P_2 = \frac{\pi}{3} \cdot NB \cdot [EM^2 - DL^2]$$

$$= \frac{\pi}{3} \cdot NB \cdot [EM + DL]\,[EM - DL]$$

Es ist aber EM + DL = 2GR, wenn man durch G zu EM die Parallele GR zieht, und EM — DL = EM — OM = EO;

folglich 7) $P_2 = \frac{2\pi}{3} \cdot NB \cdot GR \cdot EO.$

Nun ist △NGB ∾ △EDO, folglich verhält sich:

$$NB : GB = ED : EO$$

daher NB · EO = GB · ED; man kann mithin in 7) GB · ED statt NB · EO setzen, wodurch man erhält:

8) $P_2 = \frac{2\pi}{3} \cdot GB \cdot ED \cdot GR.$

Nun ist auch △EDO ∾ △GRB, weil

$$\angle EOD = \angle GRB = R.$$

ferner $\angle DGR + \angle RGB = R$

und $\angle RBG + \angle RGB = R$

folglich $\angle DGR = \angle RBG$

und $\angle DGR = \angle GEO$

mithin $\angle RBG = \angle GEO.$

Es verhält sich daher:

$$ED : DO = GB : GR$$

mithin $ED \cdot GR = DO \cdot GB.$

Man kann daher in 8) DO · GB statt ED · GR setzen; dadurch erhält man:

9) $P_2 = \frac{2\pi}{3} \cdot GB \cdot DO \cdot GB = \frac{2\pi}{3} \cdot GB^2 \cdot DO = \frac{2\pi}{3} \cdot GB^2 \cdot LM.$

Ganz denselben Ausdruck erhält man für die von jedem der folgenden Dreiecke beschriebenen Umdrehungskörper. Bezeichnet daher P_n den nten Körper in der Reihe der Umdrehungskörper, p_n die Senkrechte vom Mittelpunkte auf die Seite des Polygons und x_n die Projektion der Polygonsseite auf den senkrechten Radius, so ist

10) $P_n = \frac{2\pi}{3} \cdot p_n^2 \cdot x_n.$

Es ist daher das halbe Sphäroid gleich der Summe aller dieser Umdrehungskörper, also gleich

11) $\frac{2\pi}{3} \cdot p^2_1 \cdot x_1 + \frac{2\pi}{3} \cdot p^2_2 \cdot x_2 + \frac{2\pi}{3} \cdot p^2_3 \cdot x_3 + \ldots$

Nun ist, da das Polygon ein regelmäßiges ist,

$p_1 = p_2 = p_3 = p_n$

folglich der Inhalt des halben Sphäroid's gleich

12) $\frac{2\pi}{3} p^2 \cdot [x_1 + x_2 + x_3 + \ldots x_n]$

Nun ist, welches auch die Zahl der Seiten des Polygons sein mag, immer $[x_1 + x_2 + x_3 + \ldots x_n] = r$, also der Inhalt des halben Sphäroids gleich:

12) $\frac{2\pi}{3} p^2 \cdot r.$

Je größer aber die Anzahl der Seiten des Polygons ist, desto mehr nähert sich das Polygon dem Kreise; und der Unterschied verschwindet ganz, sobald die Anzahl unendlich groß ist. Für diesen Fall aber geht das halbe Sphäroid in die Halbkugel und p in r über; es ist daher der Inhalt der Halbkugel gleich

$$\frac{2\pi r^3}{3},$$

folglich der Inhalt der ganzen Kugel $= \frac{4\pi r^3}{3}$.

§. 154. Zusatz.

Denkt man sich einen Cylinder, dessen Grundebene gleich einem größten Kugelkreise, und dessen Höhe gleich dem Durchmesser 2r der Kugel ist, so ist dessen Inhalt gleich:

$$r^2\pi \cdot 2r = 2\pi r^3.$$

Es ist daher der Inhalt einer Kugel ⅔ des Inhalts eines Cylinders, dessen Grundebene ein größter Kugelkreis, und dessen Höhe der Durchmesser der Kugel ist.

§. 155. Aufgabe.

Den Inhalt eines Kugelausschnitts zu berechnen, dessen Höhe h gegeben ist.

Auflösung. Dieselbe Betrachtungsweise, wie §. 153 ergiebt, wenn $h < r$ ist, für den Inhalt des Kugelausschnitts: $\frac{2\pi r^2 h}{3}$.

Ist $h > r$, so ist die Höhe des kleinern Kugelausschnitts $2r - h$, folglich der Inhalt des kleinern Kugelausschnitts

$$\frac{2\pi r^2(2r-h)}{3},$$

und daher der Inhalt des größern Kugelausschnitts

$$= \frac{4\pi r^3}{3} - \frac{2\pi r^2(2r-h)}{3} = \frac{2\pi r^2 h}{3}.$$

Die Formel $\frac{2\pi r^2 h}{3}$ gilt also allgemein, auch wenn $h > r$ ist.

§. 156. Aufgabe.

Den Inhalt eines Kugelabschnitts zu berechnen, wenn die Höhe derselben gegeben ist. (Fig. 86.)

Auflösung. Es ist der Inhalt des Kugelabschnitts AEB gleich der Differenz des Inhalts des Kugelausschnitts CAEB und des Kegels CAB, dessen Grundebene der zugehörige Kugelkreis AGB, und dessen Spitze der Mittelpunkt C der Kugel ist. Nun ist der Inhalt des Kugelausschnitts, dessen Höhe h ist,

$$\frac{2\pi r^2 h}{3} \text{ (§. 155.)}.$$

Der Kegel, dessen Grundebene der Kugelkreis AGB, und dessen Spitze der Mittelpunkt C der Kugel ist, hat den Inhalt $\frac{\pi}{3} \cdot AD^2 \cdot CD$. Nun ist

$$AD^2 = AC^2 - CD^2$$

oder da $AC = r$, $CD = CE - DE = r - h$ ist:

$$AD^2 = r^2 - (r-h)^2 = 2rh - h^2$$
$$= h(2r - h),$$

folglich der Inhalt des Kegels ACB:

$$\frac{\pi h}{3}(2r-h)(r-h) = \frac{\pi h}{3}[2r^2 - 3rh + h^2],$$

mithin der Inhalt des Kugelabschnitts:

$$\frac{2\pi r^2 h}{3} - \frac{\pi h}{3}(2r^2 - 3rh + h^2).$$

Hieraus ergiebt sich, wenn man die Klammer auflöst und reducirt, für den Inhalt des Kugelabschnitts der Ausdruck:

$$\frac{\pi h^2}{3}[3r - h].$$

§. 157. Aufgabe.

Den Inhalt eines Kugelabschnitts zu berechnen, wenn der Radius a des begrenzenden Kugelkreises und die Höhe h gegeben ist. (Fig. 86)

Auflösung. Man verbinde C mit dem Mittelpunkte des Kugelkreises D, verlängere CD auf beiden Seiten bis an die Kugelfläche. Dann verbinde man einen beliebigen Punkt A in der Peripherie des Kugelkreises mit dem Mittelpunkte D desselben, so ist AD = a, und DE = h gegeben. Um den Inhalt des Kugelabschnitts nach dem Vorhergehenden bestimmen zu können, hat man r durch a und h zu bestimmen. Es ist vermöge einer bekannten Eigenschaft des Kreises:

$$h : a = a : 2r - h,$$

folglich
$$a^2 = h(2r - h) = 2rh - h^2,$$

mithin
$$\frac{a^2 + h^2}{2h} = r.$$

Setzt man diesen Werth statt r in den Ausdruck für den Inhalt des Kugelabschnitts:

$$\frac{\pi h^2}{3}[3r - h] \text{ (§. 156.)},$$

so erhält man:

$$\frac{\pi h^2}{3}\left[\frac{3a^2 + 3h^2}{2h} - h\right] = \frac{\pi h^2}{3}\left[\frac{3a^2 + 3h^2 - 2h^2}{2h}\right]$$
$$= \tfrac{1}{6}\pi h[3a^2 + h^2].$$

§. 158. Aufgabe.

Den Inhalt des Kugelabschnitts zu berechnen, wenn der Radius der Kugel r und der Radius des begrenzenden Kugelkreises gegeben sind.

Auflösung. Aus der Proportion:

$$h : a = a : 2r - h$$

folgt, wie in §. 157:

$$h(2r - h) = a^2$$
$$2rh - h^2 = a^2,$$

oder
$$h^2 - 2rh = -a^2,$$

folglich:
$$h = r \pm \sqrt{r^2 - a^2}.$$

Setzt man für h diesen Werth in den (§. 157.) gefundenen Ausdruck für den Inhalt des Kugelabschnitts:

$$\tfrac{1}{6}\pi(3a^2h + h^3),$$

so erhält man:

$$\tfrac{1}{6}\pi\,[3a^2r \pm 3a^2\sqrt{(r^2-a^2)} + (r \pm \sqrt{(r^2-a^2)})^3] =$$
$$\tfrac{1}{3}\pi\,[2r^3 \pm (a^2+2r^2)\sqrt{(r^2-a^2)}].$$

§. 158. Aufgabe.

Den Inhalt einer Kugelscheibe zu berechnen, wenn die Radien a und b der begrenzenden Kugelkreise und die Höhe h gegeben sind. (Fig. 87.)

Auflösung. Man verbinde die Mittelpunkte F und G der beiden Kugelkreise, und verlängere FG, bis sie die Oberfläche der vollständigen Kugel, von der die gegebene Kugelscheibe ein Theil ist, in E trifft; das Stück EF sei gleich x. Der Inhalt der Kugelscheibe ist dann gleich der Differenz der Inhalte der beiden Kugelabschnitte, von denen der eine die Höhe h + x, der andere die Höhe x hat.

Nun ist der Inhalt des Kugelabschnittes, dessen Höhe h + x, und dessen Kreis den Halbmesser a hat, nach §. 157

$$\tfrac{1}{6}\pi(h+x)[3a^2+(h+x)^2],$$

und der Inhalt des Kugelabschnitts, dessen Höhe x, und dessen Kreis den Halbmesser b hat:

$$\tfrac{1}{6}\pi x(3b^2+x^2),$$

folglich der Inhalt der Kugelscheibe

$$\tfrac{1}{6}\pi(h+x)(3a^2+(h+x)^2) - \tfrac{1}{6}\pi x(3b^2+x^2),$$

oder gleich

$$\tfrac{1}{6}\pi\,[3a^2h + 3(a^2-b^2+h^2)x + 3hx^2 + h^3].$$

Nun verhält sich, wenn der Radius der Kugel mit r bezeichnet wird:

$$: b = b : 2r - x$$
$$h + x : a = a : 2r - x - h$$

Aus der erstern Proportion folgt

$$2r - x = \frac{b^2}{x}.$$

Setzt man diesen Werth statt 2r — x in die zweite Proportion, so hat man:

$$h + x : a = a : \frac{b^2}{x} - h,$$

oder $$h + x : a = ax : b^2 - hx,$$

folglich $(h+x)(b^2-hx)=a^2x$

$$hb^2+b^2x-h^2x-hx^2=a^2x$$

$$hb^2=hx^2+(a^2-b^2+h^2)x,$$

also $3hb^2=3hx^2+3(a^2-b^2+h^2)x.$

Setzt man $3hb^2$ statt $3(a^2-b^2+h^2)x+3hx^2$, so erhält man für den Inhalt der Kugelscheibe den Ausdruck:

$$\tfrac{1}{6}\pi[3a^2h+3b^2h+h^3],$$

oder A) $\tfrac{1}{6}\pi h[3a^2+3b^2+h^2].$

§. 160. Aufgabe.

Den Inhalt einer Kugelscheibe zu berechnen, wenn die Radien der beiden Parallelkreise a und b und der Radius r der Kugel gegeben sind. (Fig. 87.)

Auflösung. Man verbinde die Mittelpunkte der Parallelkreise F und G und verlängere FG, bis sie die vollständige Kugelfläche in E und H trifft, verbinde C und A mit O, so ist die Höhe FG der Kugelscheibe gleich FO — GO. Nun ist

$$FO=\sqrt{(r^2-b^2)}$$

$$GO=\sqrt{(r^2-a^2)}$$

folglich $FO-GO=\sqrt{(r^2-b^2)}-\sqrt{(r^2-a^2)}.$

Liegt dagegen der Mittelpunkt der Kugel zwischen den beiden Parallelkreisen, so ist die Höhe der Kugelscheibe

$h=\sqrt{(r^2-b^2)}+\sqrt{(r^2-a^2)}$, also allgemein

$$h=\sqrt{(r^2-b^2)}\mp\sqrt{(r^2-a^2)}.$$

Setzt man diesen Werth statt h in den Ausdruck für den Inhalt der körperlichen Zone (§. 159.)

$$\tfrac{1}{6}\pi[3a^2h+3b^2h+h^3]$$

so erhält man:

B) $\tfrac{1}{3}\pi[(b^2+2r^2)\sqrt{(r^2-b^2)}\mp(a^2+2r^2)\sqrt{(r^2-a^2)}].$

§. 161. Aufgabe.

Den Inhalt einer Kugelscheibe zu berechnen, wenn der Radius der Kugel r, der Radius a des einen Parallelkreises und die Höhe h der Kugelscheibe gegeben sind. (Fig. 87.)

Auflösung. Es ist $GO^2=r^2-a^2$

$$GO=\sqrt{r^2-a^2},$$

daher $FO = \sqrt{(r^2 - a^2)} + h$, wenn der Mittelpunkt der Kugel außerhalb der körperlichen Zone liegt. Dagegen ist $FO = h - \sqrt{(r^2 - a^2)}$, wenn der Mittelpunkt der Kugel innerhalb der körperlichen Zone liegt, also allgemein $FO = h \pm \sqrt{(r^2 - a^2)}$. Nun ist

$$\begin{aligned} b^2 &= r^2 - FO^2 = r^2 - (h \pm \sqrt{(r^2 - a^2)})^2 \\ &= r^2 - (h^2 \pm 2h\sqrt{(r^2 - a^2)} + (r^2 - a^2)) \\ &= r^2 - h^2 \mp 2h\sqrt{(r^2 - a^2)} - r^2 + a^2 \\ &= a^2 \mp 2h\sqrt{(r^2 - a^2)} - h^2. \end{aligned}$$

Setzt man diesen Werth für b in den Ausdruck B) des vorhergehenden §.:

$$\tfrac{1}{6}\pi h\,[3a^2 + 3b^2 + h^2],$$

so erhält man:

$$C)\quad \tfrac{1}{3}\pi h\,[3a^2 - h^2 \mp 3h\sqrt{(r^2 - a^2)}].$$

§. 162. Lehrsatz.

Der Inhalt der Oberfläche einer Kugel, deren Halbmesser r ist, ist $4\pi r^2$. (Fig. 88.)

Beweis. Es sei in den Quadranten ACB der vierte Theil eines regelmäßigen Polygons von $4n$ Seiten beschrieben, so daß in dem Quadranten selbst grade n Seiten enthalten sind. Dreht sich nun der Quadrant um BC, so beschreibt der Bogen AB die Oberfläche einer Halbkugel, der Theil des Polygons AFDB dagegen die Oberfläche eines halben Sphäroid's. Nun beschreibt aber die Seite DB den Mantel eines vollständigen Kegels, jede folgende Seite FD, AF den Mantel eines abgekürzten Kegels.

Man ziehe von D und F die Senkrechten DG, FH auf BC, hälfte DB in N und FD in O, ziehe von N und O auf BC die Senkrechten NL und OM. Nun ist der von der Seite DB beschriebene Mantel eines vollständigen Kegels, den wir mit M_1 bezeichnen wollen:

$$M_1 = DB \cdot DG \cdot \pi.$$

Es ist aber in den Dreiecken DBG und NCL

$$\angle DGB = \angle NLC = R$$
$$\angle BDG = NCL,$$

weil $\angle BDG = \angle BNL$

und $\angle BNL + \angle LNC = \angle LNC + \angle NCL = R$,

also $\angle BNL = \angle NCL$,

folglich auch $\angle BDG = \angle NCL$; daher

$$\triangle DBG \sim \triangle NCL;$$

hieraus folgt: $DB : BG = NC : NL$,

oder $DB \cdot NL = BG \cdot NC$,

also auch $2DB \cdot NL = 2BG \cdot NC$,

oder auch $DB \cdot 2NL = 2BG \cdot NC$.

Nun ist $2NL = DG$, also

$$DB \cdot DG = 2BG \cdot NC.$$

Man kann daher in obigen Ausdruck für M_1 $2BG \cdot NC$ statt $DB \cdot DG$ setzen, dies giebt:

$$M_1 = 2BG \cdot NC \cdot \pi.$$

Die zweite Seite FD beschreibt den Mantel eines abgekürzten Kegels, dessen Grundebenen die Linien DG und FH zu Halbmessern haben; es ist daher der Mantel M_2 des von der zweiten Seite beschriebenen Kegelstumpfes:

$$M_2 = DF \cdot (DG + FH) \cdot \pi,$$

oder da man 2OM statt DG + FH setzen kann:

$$M_2 = 2DF \cdot OM \cdot \pi.$$

Fällt man noch DP senkrecht auf FH, so ist in den Dreiecken FDP und OMC

$$\angle FPD = \angle OMC = R.$$

Ferner ist $\angle DOM = \angle DFH$

$$\angle DOM + \angle MOC = \angle MOC + \angle OCM = R$$

und daher $\angle DOM = \angle OCM$,

folglich auch $\angle DFP = \angle OCM$

und daher $\triangle OMC \sim \triangle FDP$, mithin verhält sich:

$$FD : DP = OC : OM,$$

oder $FD \cdot OM = DP \cdot OC = GH \cdot OC$.

Es ist daher, wenn man in obigem Ausdruck für M_2 statt $FD \cdot OM$ das Produkt: $GH \cdot OC$ setzt:

$$M_2 = 2 \cdot GH \cdot OC \cdot \pi.$$

Bezeichnet man das Perpendikel vom Mittelpunkte auf irgend eine Polygonseite mit p, und mit x_1, x_2, x_3 die Projectionen der ersten, zweiten, dritten Polygonseite, von B anfangend, auf den Radius

BC, so hat man, weil dann BG = x_1, NC = OC = p, und GH = x_2

$$M_1 = 2 \cdot p \cdot x_1 \cdot \pi$$
$$M_2 = 2 \cdot p \cdot x_2 \cdot \pi,$$

ebenso findet sich:

$$M_3 = 2 \cdot p \cdot x_3 \cdot \pi \text{ u. s. f.}$$

Nun giebt die Summe sämmtlicher Kegelmäntel die Oberfläche des halben Sphäroids; es ist also

$$M_1 + M_2 + M_3 + \ldots M_n = [2px_1 + 2px_2 + 2px_3 + \ldots 2px_n]\pi$$

oder, wenn man mit S die Oberfläche des halben Sphäroids bezeichnet:

$$S = 2p(x_1 + x_2 + x_3 + \ldots x_n)\pi.$$

Wie groß aber auch n sein mag, so ist die Summe

$$x_1 + x_2 + x_3 + \ldots x_n$$

immer gleich r, also

$$S = 2pr\pi.$$

Ist nun n unendlich groß, so wird p = r, und die Oberfläche des halben Sphäroids geht in die Oberfläche der Halbkugel über; es ist also die Oberfläche der Halbkugel = $2r^2\pi$, folglich die Oberfläche der ganzen Kugel = $4r^2\pi$.

§. 163. Zusatz.

Der Inhalt eines größten Kugelkreises ist $r^2\pi$; daher der Inhalt der Kugelfläche das Vierfache des Inhaltes eines größten Kugelkreises.

§. 164. Aufgabe.

Den Inhalt einer Calotte zu berechnen, wenn der Halbmesser der Kugel r und die Höhe h derselben gegeben ist.

Auflösung. Die Fläche einer Calotte wird beschrieben, wenn die Hälfte eines Kreisbogens sich um die Höhe derselben herumdreht; denkt man sich nun in diesem Bogen einen Theil eines regelmäßigen Polygons beschrieben, so führt dieselbe Betrachtung, wie bei der Berechnung der ganzen Kugelfläche, auf folgenden Ausdruck für den Inhalt der Calotte:

$$2\pi rh.$$

§. 165. Zusatz.

Da $2\pi r$ der Umfang eines größten Kreises der Kugel ist, so ist der Inhalt einer Calotte gleich dem Produkte aus dem Umfange eines größten Kugelkreises und der Höhe der Calotte.

§. 166. Aufgaben.

1. Den Inhalt einer Calotte zu finden, wenn der Radius r der Kugel und der Radius a des begrenzenden Kugelkreises gegeben sind.

Auflösung. Man findet den Inhalt der Calotte:

$$2\pi r[r \pm \sqrt{(r+a)(r-a)}].$$

2. Den Inhalt einer Calotte zu finden, wenn die Höhe h der Calotte und der Radius a des die Calotte begrenzenden Kugelkreises gegeben sind.

Auflösung. Man findet für den Inhalt der Calotte den Ausdruck:

$$\pi(a^2 + h^2)$$

§. 167. Aufgabe.

Den Inhalt einer Zone zu berechnen, wenn der Radius r der Kugel und die Höhe der Zone gegeben sind.

Auflösung. Man erweitere die Zone zur vollständigen Kugelfläche, verbinde die Mittelpunkte der beiden begrenzenden Parallelkreise und verlängere diese, bis sie die Kugelfläche auf der einen Seite trifft. Die Verlängerung sei x, so findet man den Inhalt der Zone, wenn man von der größern Calotte die kleinere Calotte abzieht. Nun hat die größere Calotte die Höhe $h + x$, die kleinere die Höhe x, es ist also der Inhalt der Zone

$$\begin{aligned} Z &= 2\pi r(h + x) - 2\pi rx \\ &= 2\pi r(h + x - x) \\ &= 2\pi rh \end{aligned}$$

§. 168. Zusatz.

Der Inhalt einer Zone ist also ebenfalls gleich dem Product aus der Peripherie eines größten Kugelkreises und der Höhe der Zone.

Zugleich ergiebt sich durch Vergleichung mit dem Inhalte einer Calotte, daß auf derselben Kugelfläche die Flächen einer Calotte und einer Zone von gleicher Höhe einander gleich sind.

§. 109.

Die in dem Vorgehenden gefundenen Formeln für die Bestimmung des Inhalts von Körpern und ihrer Oberfläche sind, kurz zusammengestellt, folgende.

1) Der Inhalt eines Prismas ist das Product aus Grundebene und Höhe.

2) Der Inhalt einer Pyramide ist der dritte Theil des Products aus Grundebene und Höhe.

3) Der Inhalt einer abgekürzten Pyramide ist, wenn a und b die Inhalte der Grundebenen, und h die Höhe bezeichnen:

$$\frac{h}{3}(a + \sqrt{ab} + b).$$

4) Der Inhalt des Cylinders ist, wenn r den Halbmesser der Grundebene und h die Höhe bezeichnet:

$$\pi r^2 h.$$

5) Der Inhalt des Mantels eines senkrechten Cylinders ist:

$$2\pi r h.$$

6) Der Inhalt eines Kegels ist, wenn r den Halbmesser der Grundebene und h die Höhe bezeichnet:

$$\tfrac{1}{3}\pi r^2 h.$$

7) Der Inhalt des Mantels eines senkrechten Kegels ist, wenn r den Halbmesser der Grundebene, und a die Seite des Kegels ist:

$$\pi r a.$$

8) Der Inhalt des abgekürzten Kegels ist, wenn a, b die Halbmesser der Grundebenen und h die Höhe des abgekürzten Kegels bezeichnen:

$$\frac{\pi h}{3}(a^2 + ab + b^2).$$

9) Der Mantel eines abgekürzten senkrechten Kegels ist, wenn a, b die Halbmesser der Grundebenen und c die Seite des abgekürzten Kegels bezeichnen:

$$\pi c(a + b).$$

10) Der Inhalt der Kugel, deren Halbmesser r bezeichnet, ist:

$$\tfrac{4}{3}\pi r^3.$$

11) Der Inhalt eines Kugelabschnittes ist, wenn r den Halbmesser der Kugel und h die Höhe des Abschnittes bezeichnet:

$$\tfrac{1}{3}\pi h^2 (3r - h).$$

12) Der Inhalt des Kugelabschnittes ist, wenn h den Halbmesser des begrenzenden Kugelkreises und h die Höhe des Abschnitts bezeichnet:

$$\tfrac{1}{6}\pi h(3a^2 + h^2).$$

13) Der Inhalt der Kugelscheibe ist, wenn a und b die Halbmesser der begrenzenden Parallelkreise, und h die Höhe desselben sind:

$$\tfrac{1}{6}\pi h(3a^2 + 3b^2 + h^2).$$

14) Der Inhalt des Kugelausschnittes ist, wenn r der Halbmesser der Kugel und h die Höhe desselben ist:

$$\tfrac{2}{3}\pi r^2 h.$$

15) Der Inhalt der Kugelfläche vom Halbmesser r ist:

$$4\pi r^2.$$

16) Der Inhalt einer Calotte ist, wenn r den Halbmesser der Kugel und h die Höhe bezeichnet:

$$2\pi rh.$$

17) Der Inhalt einer Zone ist, wenn r den Halbmesser der Kugel, und h die Höhe bezeichnet:

$$2\pi rh.$$

Anhang.

§. 170. Aufgabe.

Von einem kreisförmigen Gewölbe ist die Weite im Lichten 2a, die Höhe im Lichten h, die Stärke c, und die Länge d gegeben; den cubischen Inhalt der Ueberwölbung zu berechnen. (Fig. 89.)

Auflösung. Das Gewölbe ist ein cylindrischer Körper, dessen Grundebene ein Ringstück, und dessen Höhe die Länge des Gewölbes d ist. Der Inhalt desselben wird daher ausgedrückt durch das Product aus der Grundebene und der Länge d. Um die Grundebene zu berechnen, müssen die Radien der beiden Kreise, und der zugehörige Centriwinkel gefunden werden. Es sei x der kleinere Halbmesser. Diesen findet man aus der Proportion:

$$h : a = a : 2x - h;$$

aus derselben folgt:

$$2xh - h^2 = a^2.$$

folglich: 1) $x = \frac{a^2 + h^2}{2h}$.

Den Centriwinkel w findet man aus dem rechtw. Dreieck: AOC, in welchem $\angle AOC = \frac{1}{2} w$, und

$$\sin \tfrac{1}{2} w = \frac{a}{x},$$

oder, wenn man statt x dessen Werth setzt,

$$2) \sin \tfrac{1}{2} w = \frac{2ah}{a^2 + h^2}.$$

Nun ist das Ringstück gleich der Differenz zweier Kreisausschnitte, von denen der größere den Radius $x + c$, der kleinere den Radius x, und beide den Centriwinkel w haben; es ist aber der Inhalt des größern Kreisausschnitts:

$$\pi \cdot \frac{w}{360} (x + c)^2$$

und der Inhalt des kleinern Kreisausschnitts:

$$\pi \cdot \frac{w}{360} x^2,$$

daher der Inhalt des Ringstücks:

$$\frac{\pi w}{360}(x + c)^2 - \frac{\pi w x^2}{360},$$

oder wenn man die gemeinschaftlichen Factoren $\frac{\pi w}{360}$ herausnimmt:

$$\frac{\pi w}{360}[(x + c)^2 - x^2],$$

$$\text{oder} \quad \frac{\pi w}{360}[x^2 + 2xc + c^2 - x^2] = \frac{\pi w c}{360}(2x + c).$$

Setzt man statt x dessen Werth, so erhält man:

$$\frac{\pi w c}{360}\left[\frac{a^2 + h^2}{h} + c\right) = \frac{\pi w c}{360}\left(\frac{a^2 + h^2 + hc}{h}\right),$$

folglich der cubische Inhalt der Ueberwölbung:

$$\frac{\pi w c d}{360}\left(\frac{a^2 + h^2 + hc}{h}\right).$$

Beispiel. Ist $a = 12'$, $h = 6'$, $c = 2'$, $d = 30'$, so ist der cubische Inhalt der Ueberwölbung

$$1780{,}40 c'.$$

§. 171. Aufgabe.

Den cubischen Inhalt eines Gewölbes zu berechnen, das nach einer aus drei Kreisbogen, jeden von 60°, zusammengesetzten Korblinie ADB gewölbt ist, und dessen Weite im Lichten 2a, dessen Höhe im Lichten h, und dessen Stärke c ist. (Fig. 09.)

Construction der Korblinie. Man hälfte die gegebene Weite AB = 2a in C, errichte in C, CD senkrecht auf AB und mache CD = h. Ueber AC errichte man das gleichseitige Dreieck AFC, schneide von der Seite FC von C aus das Stück CG = DC ab, verbinde D mit G und verlängere DG, bis sie die Seite AF in H schneidet; durch H ziehe man HK ∥ FC und verlängere HK und DC, bis sie sich in L schneiden. Man errichte nun auch über BC ein gleichseitiges Dreieck CNB und ziehe LO ∥ CN, bis sie die NB in O schneidet. Nun beschreibe man aus K mit AK den Bogen AH, und aus L mit HL den Bogen HDO, und aus M, wo LO die CB schneidet, mit MB den Bogen OB. Die drei Bogen AH, HO, OB gehen stetig in einander über, da sie in H und O gemeinschaftliche Tangenten haben.

Beweis. Es ist △AHK ∾ △AFC, weil HK ∥ FC; weil nun AFC gleichseitig ist, so ist auch △AHK gleichseitig und daher AH = HK = AK und ∠AKH = 60°. Ebenso ist △MOB ∾ △CNB, weil MO ∥ CN; da nun △CNB gleichseitig ist, so ist auch △MOB gleichseitig, daher MO = OB = MB und ∠OMB = 60°. Es geht daher der aus K mit AK beschriebene Bogen auch durch H, und der aus M mit MB beschriebene Bogen durch O und jeder dieser beiden Bogen enthält 60°. Ferner ist △GCD ∾ △HLD, weil GC ∥ HL; es verhält sich daher:

$$DC : DL = GC : HL.$$

Da nun DC = GC, n. d. Constr., so ist auch DL = HL. Nun ist ∠CKL = ∠HKA = 60°, folglich ∠CLK = 30°, ebenso ist ∠CML = ∠OMB = 60°, folglich ∠CLM = 30°, also ∠KLC + ∠CLM = ∠KLM = 60° und daher auch △KLM gleichseitig, also KL = KM = LM. Nun ist AC = CB und KC = CM, folglich auch AC — KC = CB — CM, mithin AK = MB, folglich auch HK = MO, daher, weil auch KL = LM, HK

$+ KL = MO + ML$, d. i. $HL = LO = LD$. Der aus L mit HL beschriebene Bogen geht daher auch durch D und O.

Berechnung des cubischen Inhalts des Gewölbes. Das Gewölbe ist ein Körper, der aus drei Stücken von 3 verschiedenen cylindrischen Röhren besteht, die aber alle die Länge d des Gewölbes zur Höhe haben. Man hat daher den Inhalt der Grundebene, oder der drei Ringstücke zu berechnen. Da in jedem der drei Ringstücke der Mittelpunktswinkel $= 60^\circ$ ist, so sind nur noch die Halbmesser dieser Ringstücke zu bestimmen. Es sei $AK = x$, und $HL = y$. Es ist $KM = KL$, also $KM + KH = KL + KH = y$; und weil $HK = MB$, so ist auch $KM + MB = KB = y$ und daher

$$1)\quad x + y = 2a.$$

Ferner ist $KC = CM$, folglich $KL = 2CK$, und da $CK = a - x$, so ergiebt sich $KL = 2(a - x)$, und da

$$KL^2 = KC^2 + CL^2,$$

so ist 2) $4(a-x)^2 = (a-x)^2 + (y-h)^2$, oder, da $y = 2a - x$:

$$3)\quad 4(a-x)^2 = (a-x)^2 + (2a-x-h)^2,$$

$$\text{oder } 3(a-x)^2 = (2a-x-h)^2,$$

folglich, wenn man auf beiden Seiten die Quadratwurzel zieht:

$$4)\quad (a-x)\sqrt{3} = 2a - x - h$$

$$(a-x)\sqrt{3} = a - x + a - h$$

$$(a-x)(\sqrt{3} - 1) = a - h$$

$$a - x = \frac{a-h}{\sqrt{3}-1},$$

oder, wenn man den Nenner rational macht:

$$a - x = \frac{(a-h)(\sqrt{3}+1)}{2} = \frac{(a-h)\sqrt{3} + a - h}{2}.$$

Hieraus ergiebt sich

$$x = a - \frac{(a-h)\sqrt{3} + a - h}{2}$$

$$= \frac{2a - (a-h)\sqrt{3} - a + h}{2}$$

$$= \frac{a + h - (a-h)\sqrt{3}}{2}.$$

Nun ist der Inhalt des Ringstücks AHSR

$$= \tfrac{1}{6}\pi(x+c)^2 - \tfrac{1}{6}\pi x^2 = \tfrac{1}{6}\pi[(x+c)^2 - x^2]$$

$$= \tfrac{1}{6}\pi[x^2 + 2cx + c^2 - x^2] = \tfrac{1}{6}\pi c(c + 2x).$$

Der Inhalt des Ringstücks HSTO, dessen Mittelpunkt O ist, ist:

$$\tfrac{1}{6}\pi(y+c)^2 - \tfrac{1}{6}\pi y^2 = \tfrac{1}{6}\pi c(c+2y).$$

Der Inhalt des Ringstücks, dessen Mittelpunkt M ist, ist dem Ringstück ABSH gleich, also ebenfalls

$$\tfrac{1}{6}\pi c(c+2x),$$

folglich der Inhalt der ganzen Stirnfläche:

$$\tfrac{1}{6}\pi c[2(c+2x)+c+2y] =$$

$$\tfrac{1}{6}\pi c[2c+4x+c+2y] = \tfrac{1}{6}\pi c[3c+2x+2x+2y]$$

$$= \tfrac{1}{6}\pi c[3c+2(x+y)+2x].$$

Nun ist $x+y = 2a$ und $2x = a+h-(a-h)\sqrt{3}$, folglich, wenn man diese Werthe substituirt:

$$\tfrac{1}{6}\pi c[3c+4a+a+h-(a-h)\sqrt{3}] =$$

$$\tfrac{1}{6}\pi c[5a+3c+h-(a-h)\sqrt{3}],$$

folglich der cubische Inhalt des Gewölbes:

$$\tfrac{1}{6}\pi cd[5a+3c+h-(a-h)\sqrt{3}].$$

§. 172. Erklärung.

Wird (Fig. 91.) ein senkrechter Cylinder, dessen Grundebene ABCD ist, durch eine Ebene DEC geschnitten, welche durch den Mittelpunkt F der Grundebene geht, so heißt der Theil CDEB, welchen diese Ebene von dem Cylinder abschneidet, ein Klauen oder Huf, und die längste Seite EB seine Höhe, der Halbmesser der Grundebene der Halbmesser des Hufes.

§. 173. Aufgabe.

Der Halbmesser r und die Höhe h eines Hufes sind gegeben: hieraus die krumme Oberfläche und den cubischen Inhalt des Hufes zu finden. (Fig. 91.)

Auflösung. In der Oberfläche des Hufes ziehe man zwei Seiten GK und HL so nahe neben einander, daß die Bogen GH und KL ohne erheblichen Fehler als gerade Linien, und der Flächenstreifen GKLH als eben betrachtet werden können. Der Inhalt des Flächenstreifens GKLH ist dann, weil GKLH ein Trapez ist:

$$\left(\frac{GK+LH}{2}\right) GH,$$

oder wenn man durch die Mitte M von GH die Seite MN zieht,

$$MN \cdot GH.$$

Man ziehe noch durch M zu FC die Parallele MO, durch O zu

MN die Parallele OP, welche FE in P schneidet, und verbinde P mit N, so ist MOPN ein Rechteck. Denn EB steht senkrecht auf der Grundebene des Cylinders, folglich auch die durch EB gehende Ebene EFB. (§. 30.) Weil nun DC in der Ebene ACB auf der Durchschnittslinie FB senkrecht steht, so steht sie auch auf der Ebene EFB senkrecht (§. 31.), folglich ist auch die Ebene FEC senkrecht auf der Ebene FEB. (§. 30.) Nun ist auch OP senkrecht auf der Ebene ACB, folglich auch die durch OP gehende Ebene MOPN (§. 30.). Hieraus folgt, daß die Durchschnittslinie PN der Ebenen FEC und MOPN ebenfalls senkrecht auf der Ebene FBE steht, (§. 32.), und PN ∥ FC ∥ OM ist. Endlich ziehe man noch durch H zu FB die Parallele HR und durch G zu FC die Parallele GR, welche sich in R schneiden, verlängere HR, bis sie FC in H′ schneidet, ziehe GG′ ∥ HH′, und verbinde F mit M. Dann ist △GRH ∾ △FOM, und daher

1) GH : GR = FM : FO

oder weil FM = FB ist

2) GH : GR = FB : FO.

Nun ist OP ∥ EB,

daher 3) FB : FO = EB : OP

oder, wenn man MN statt OP setzt:

5) FB : FO = EB : MN

Aus 5) und 2) folgt:

6) GH : GR = EB : MN

oder, wenn man G′H′ statt GR setzt:

7) GH : G′H′ = EB : MN.

Hieraus folgt

8) GH · MN = EB · G′H′

d. h. der Inhalt des Flächenstreifens GKLH wird ausgedrückt durch das Produkt aus der Höhe des Hufes und der Projektion des Bogens GH auf den Halbmesser FC. Dasselbe gilt von allen Flächenstreifen, in welche sich die Oberfläche CEB zerlegen läßt. Die Summe aller dieser Flächenstreifen wird daher ein Produkt sein aus der Höhe des Hufes und der Summe der Projektionen der einzelnen unendlich kleinen Theilen des Quadranten CB. Die Summe dieser Projektionen ist aber gleich dem Radius FC, und so ergiebt sich, daß der Inhalt der Oberfläche ECB gleich

r . h

folglich die Oberfläche des ganzen Hufes gleich

$$2rh$$

ist.

Der cubische Inhalt des Hufes ergiebt sich nun auf folgende Weise. Man betrachte die krumme Oberfläche des Hufes als zusammengesetzt aus einer so großen Anzahl sehr kleiner Theile, daß diese ohne erheblichen Fehler für eben gelten können, dann läßt sich der Huf als die Summe einer unendlichen Anzahl unendlich kleiner Pyramiden betrachten, welche alle den Halbmesser der Grundebene zur Höhe und einen solchen unendlich kleinen Theil der krummen Oberfläche zur Grundebene haben. Der kubische Inhalt des Hufes ist daher der dritte Theil des Produktes aus der krummen Oberfläche und dem Halbmesser derselben, mithin

$$\frac{2}{3} r^2h$$

Anmerkung. Obgleich die gegebene Auflösung nicht ganz streng mathematisch ist, so sind doch die auf diesem Wege gefundenen Ergebnisse so einfach und für die Praxis so bequem, daß man sich bei einiger Vorsicht derselben stets mit Vortheil bedienen wird.

§. 174. Zusatz.

Es sei (Fig. 92) der Körper ACBFED der vierte Theil eines senkrechten Cylinders, also die Grundebenen ACB und DEF Kreisquadranten. Schneidet man diesen Körper durch eine Ebene, welche durch BC und die Diagonale DC des Rechtecks AE hindurchgeht, so ist der Körper DACBD ein halber Huf, AD dessen Höhe, und daher (§. 173) der Inhalt der krummen Oberfläche DAB gleich rh. Betrachtet man das rechtwinklige Dreieck DAC als Grundebene des halben Hufes ACBD, so ist, weil der Inhalt des Dreiecks DAC gleich $\frac{rh}{2}$ ist, der Inhalt der krummen Oberfläche DAB daher das Doppelte des Inhaltes der Grundebene DAC.

Legt man durch eine Linie, wie DB, außerhalb einer Ebene eine zweite Ebene, wie DCB, welche auf der erstern senkrecht ist, so heißt die Durchschnittslinie DC dieser beiden Ebenen die Projektion der Linie DB auf die Ebene DAC. Ebenso ist AC die Projektion des Quadranten AB auf die Ebene DAC. Das Dreieck DAC heißt daher auch die Projektion der krummen Oberfläche DAB auf die Ebene DAC. Man kann daher auch von der krummen Oberfläche eines Halbhufes sagen, sie sei das Doppelte ihrer Projektion auf die Grundebene.

§. 173. Erklärung.

Der Körper DEFB (Fig. 92.) welcher einen Halbhuf DACB zu einem Viertelcylinder ergänzt, heißt das Complement des Halbhufes DACB.

§. 174. Aufgabe.

Den Inhalt der krummen Oberfläche, und den cubischen Inhalt des Complements zu einem Halbhufe zu finden.

Auflösung. Die krumme Oberfläche DFB des Complements DEFB erhält man, wenn man von der krummen Oberfläche des Viertelcylinders ACBFED die krumme Oberfläche DAB des Halbhufes DACB abzieht.

Es ist daher der Inhalt der Oberfläche DFB:

$$\tfrac{1}{2}\pi rh - rh = (\tfrac{1}{2}\pi - 1)\, rh.$$

Ebenso erhält man den cubischen Inhalt des Complements, wenn man von dem cubischen Inhalt des Viertelcylinders den cubischen Inhalt des Halbhufes DACB abzieht; also

$$\tfrac{1}{4}\pi r^2h - \tfrac{1}{3}r^2h = (\tfrac{1}{4}\pi - \tfrac{1}{3})\, r^2h.$$

Anmerkung. Die vorhergehenden Sätze sind die Grundlagen für die Berechnung der Oberfläche und des cubischen Inhaltes der verschiedenen Arten von Gewölben.

§. 175. Aufgabe.

Es sei (Fig. 93.) ACBFED ein schief zur Grundebene ACB abgeschnittener Theil eines senkrechten Cylinders; den cubischen Inhalt und den Mantel desselben zu finden, wenn der Radius r der Grundebene und die größte und kleinste Seite, a, b, gegeben sind.

Auflösung. In der schiefen Durchschnittsebene DEFK ziehe man DF, welche den Endpunkt D der kleinsten Seite AD = b mit dem Endpunkt F der größten Seite FB = a verbindet, und lege durch die Mitte N derselben eine Ebene GEHK parallel zur Grundebene, welche den erweiterten Cylindermantel in dem Kreise GEHK schneidet, und von dem schief abgeschnittenen Cylinder den Huf EKHF abschneidet, der aus leicht begreiflichen Gründen dem Hufe

EKGD congruent ist. Es ist daher Inhalt und Mantel des schief abgeschnittenen Cylinders gleich dem Inhalte und Mantel des senkrechten (vollständigen) Cylinders ACBHEG, dessen Höhe $NM = \frac{a+b}{2}$ ist. Deshalb ist der cubische Inhalt des schief abgeschnittenen Cylinders:

$$\pi r^2\left(\frac{a+b}{2}\right)$$

und der Mantel $\pi r\,(a+b)$.

§. 176. Aufgabe.

Den Inhalt eines schief abgeschnittenen Prisma's ABCFED (Fig. 94.) zu finden, wenn die drei Seitenkanten desselben $AD = a$, $BE = b$, $CF = c$, und der Inhalt f des auf den drei Seitenkanten senkrechten Prismenschnittes GHK gegeben sind.

Auflösung. Man lege durch A, H, K, und durch D, H, K, Ebenen, welche das schief abgeschnittene Prisma in den Ebenen AHK und DHK schneiden; durch diese beiden Ebenen und die Ebene GHK wird das schief abgeschnittene Prisma in zwei vierseitige und zwei dreiseitige Pyramiden zerlegt. Bezeichnet h die von G auf HK gefällte Senkrechte, so haben die vierseitigen Pyramiden ABHKC und DHKFE h zur Höhe, daher

$$ABHKC = \tfrac{1}{3}BHKC \cdot h$$
$$DHKFE = \tfrac{1}{3}HEFK \cdot h$$

folglich die Summe der beiden vierseitigen Pyramiden:

$$\tfrac{1}{3}(BHKC + HEFK) \cdot h$$

oder $\tfrac{1}{3}\,BEFC \cdot h = \frac{h}{3}\left(\frac{b+c}{2}\right) \cdot HK = \frac{b+c}{3} \cdot \frac{h \cdot HK}{2}$

Nun ist aber $\frac{h \cdot HK}{2}$ der Inhalt des Dreiecks GHK also gleich f, und daher die Summe der beiden vierseitigen Pyramiden:

$$1)\ \frac{(b+c)\,f}{3}.$$

Jede der beiden dreiseitigen Pyramiden hat GHK zur Grundebene; folglich ist

$$\text{Pyr. } AGHK = \tfrac{1}{3}f \cdot AG$$
$$\text{Pyr. } DGHK = \tfrac{1}{3}f \cdot DG$$

und daher die Summe der beiden dreiseitigen Pyramiden:

$$\frac{1}{3}f\,(AG + DG) = \frac{1}{3}fa$$

die Summe der vierseitigen und der dreiseitigen Pyramiden oder der Inhalt des schief abgeschnittenen Prismas ist daher:

$$\frac{(a + b + c)\,f}{3}$$

Anmerkung. Der Inhalt des Prismenschnittes, der senkrecht auf den Kanten ist, läßt sich leicht aus den drei Seiten desselben, die unmittelbar gemessen werden können, berechnen.

§. 177.

Wird eine Pyramide schief zur Grundebene geschnitten, so heißt der zwischen dem Pyramidenschnitt und der Grundebene enthaltene Theil der Pyramide eine schief abgeschnittene Pyramide; und die Pyramide, welche die schief abgeschnittene zur vollständigen Pyramide ergänzt, ihre Ergänzungspyramide.

Um den Inhalt einer schief abgeschnittenen Pyramide zu finden, berechne man den Inhalt der vollständigen Pyramide und den Inhalt der Ergänzungspyramide, die Differenz beider ist der Inhalt der schief abgeschnittenen Pyramide.

Maschinendruck und Papier von Heinrich Richter.

Im Verlage von F. E. C. Leuckart in Breslau sind folgende

anerkannt vorzügliche Schulbücher

erschienen, welche auf sehr vielen Gymnasien/Realschulen ꝛc. eingeführt, sich des besten Rufs erfreuen und durch sehr billige Preise auszeichnen.

☞ Bestellungen hierauf nimmt jede Buchhandlung an. ☜

Demonstrative Rechnenkunst

für die untern Gymnasial-Klassen, für Seminarien und höhere Bürgerschulen.

Zunächst ein Wiederholungsbuch für seine Schüler,

von **J. Fiebag,**

Königlicher Gymnasial-Oberlehrer.

Zweite vermehrte und verbesserte Auflage. Preis 7½ Sgr.

Die erste Auflage dieses vortrefflichen Buches fand allgemeinen Beifall und in mehrern bedeutenden Schul-Anstalten sogleich Einführung; die hiermit angekündigte zweite Auflage wurde vom Herrn Verfasser wesentlich vermehrt und verbessert, und ist dessen ungeachtet viel wohlfeiler als die erste; es unterliegt daher keinem Zweifel, daß dieselbe bei ihren entschiedenen Vorzügen vor allen ähnlichen Büchern allgemeine Anerkennung finden und in noch sehr vielen Anstalten zur Einführung kommen wird.

Formenlehre,

oder Anleitung zu Anschauungs-, Denk- und Sprach-Uebungen, angestellt mit mathematischen Formen und verbunden mit Zeichnen-Uebungen für Stadt- und Landschulen.

von **F. E. W. Sauermann,**

Lehrer am Schullehrer-Seminar in Breslau ꝛc.

Mit 10 Steindrucktafeln. Preis 10 Sgr.

Die Theorie der freien Auffassung.

Mit einer lithographirten Uebersichtstafel, enthaltend die wesentlichsten Hülfsmittel beim Unterricht im Zeichnen.

Für Kunst-Akademien, Gymnasien, Schullehrer-Seminarien, höhere Bürger-, Gewerbe- und Elementarschulen,

auf Stein gezeichnet und herausgegeben von **K. Bräuer,**

Zeichnenlehrer am Königl. kathol. Schullehrer-Seminar ꝛc.

Preis 7½ Sgr.

Materialien für den Zeichnen-Unterricht.

Vorzeichnungen zum Aufzeichnen auf die Schultafel, für Elementar-Lehrer. 24 Blätter mit dazu gehöriger Erklärung.

auf Stein gezeichnet und herausgegeben von **K. Bräuer,**

Zeichnenlehrer ꝛc.

Preis 7½ Sgr.

Vorstehende, die Zeichnenkunst betreffende Schriften verdienen ganz besonders von allen Schulanstalten beachtet zu werden, da in neuerer Zeit das Zeichnen als ein allgemeines Bildungsmittel immer mehr gewürdigt wird, und Hülfsmittel, wie die obigen, welche in einer faßlichen und praktischen, dem heutigen Standpunkte der Unterrichtswissenschaft angemessenen Methode die Grundsätze des Zeichnens entwickeln, allgemeines Bedürfniß werden.

Von den Königl. Hochlöbl. Regierungen zu Breslau und Königsberg sind diese Schriften zur Einführung in Schulen empfohlen worden. Die höchst vortheilhaften Beurtheilungen in den geachtetsten kritischen Blättern wurden denselben zu Theil.

Leitfaden
für den ersten weltgeschichtlichen Unterricht auf Gymnasien und Realschulen

von

F. J. Seemann.

Mit einer Vorrede von Dr. Wissowa Königl. Professor und Gymnasial-Direktor, Ritter des rothen Adler-Ordens. Zweite vermehrte Auflage. 5 Sgr. netto.

Lebensspiegel. Ein deutsches Lesebuch für Schule und Haus, von Dr. G. Sartorius. Abtheilung I. Mittelklassen. Preis $7\frac{1}{2}$ Sgr. netto. Abtheilung II.: das Buch der Natur. $12\frac{1}{2}$ Sgr. netto.

Dieses Lesebuch weicht in Anlage, Einrichtung und Durchführung von den meisten der bis jetzt erschienenen Lesebücher ab; es ist aus den vieljährigen Erfahrungen eines Lehrers hervorgegangen, der mit Liebe seinem Amte gelebt und bei allem Unterricht die geistige und religiöse Durchbildung seiner Schüler fest vor Augen gehabt, dazu jeden Unterrichtszweig und jeden Lehrstoff zu benutzen sich bemüht hat.

Alle pädagogischen und literarischen Zeitschriften haben es vorzüglich beurtheilt und zur allgemeinsten Verbreitung empfohlen. Die Reichhaltigkeit und Gediegenheit des mit dem ausgezeichnetsten pädagogischen Takte ausgewählten Lesestoffes giebt ihm den Vorzug vor allen ähnlichen Werken. Viele Elementarschulen haben die erste Abtheilung und die meisten Gymnasien, Bürgerschulen und Schullehrer-Seminarien die II. Abtheilung bereits eingeführt.

Grammatisch geordnete Stoffsammlung zu lateinischen Memorirübungen.

von

Dr. J. Spiller,

Gymnasiallehrer.

Zweite Auflage. Preis $7\frac{1}{2}$ Sgr. netto.

Das Nichterscheinen zweckmässiger loci memoriales von Herrn Dr. Ruthardt *selbst* hat mehrere Stoffsammlungen zu lateinischen Memorirübungen an's Licht gerufen, von denen die hier angezeigte des Herrn Dr. Spiller sich eines so allgemeinen Beifalls Seitens des Lehrstandes und bedeutender wissenschaftlicher Zeitschriften zu erfreuen gehabt hat, dass *schon nach wenigen Monaten eine zweite Auflage nöthig* geworden ist. Die ehrenvollen Urtheile der Herren Schulrath Otto Schulz im Schulblatte für Brandenburg 1843, H. 4. S. 533, Professor und Rektor Reuter in der Schrift: Dr. E. Ruthardt's Vorschlag und Plan und dessen Beleuchtung durch Dr. C. Peter erläutert von Fr.

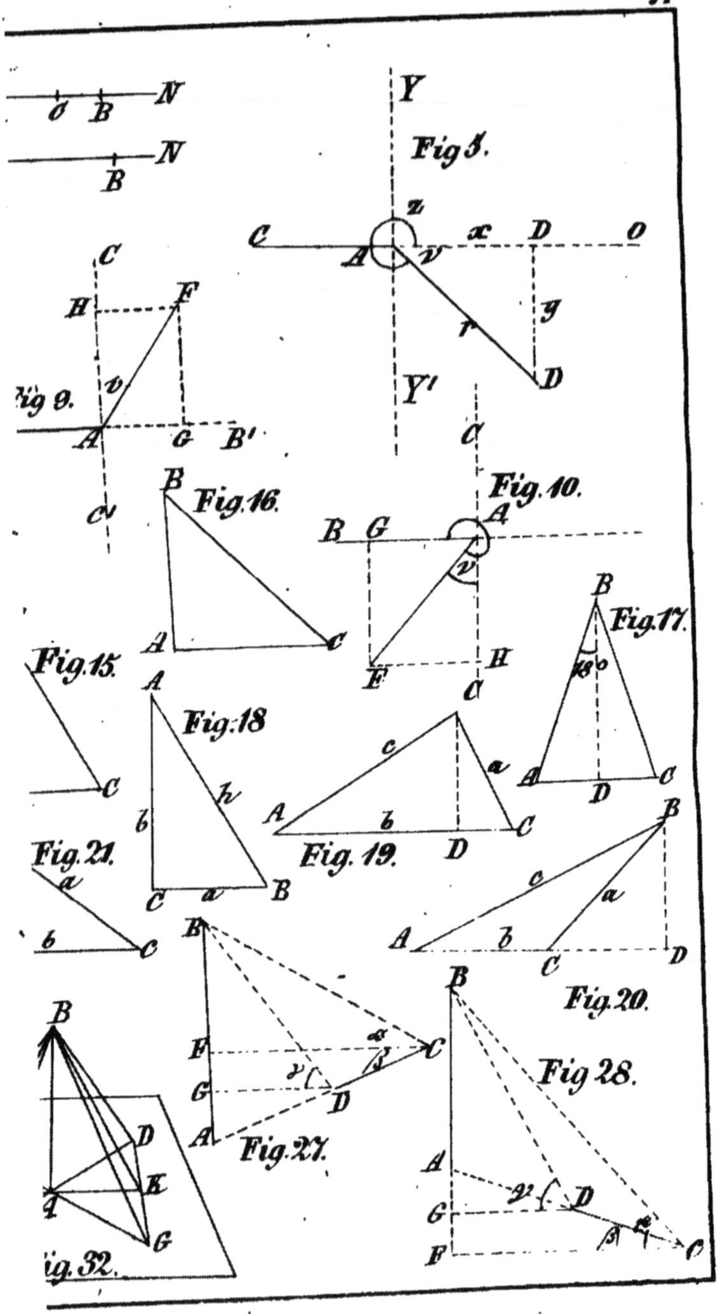
Fig 5.
Fig 9.
Fig.10.
Fig.15.
Fig.16.
Fig.17.
Fig:18
Fig. 19.
Fig.20.
Fig.21.
Fig.27.
Fig 28.
Fig.32.

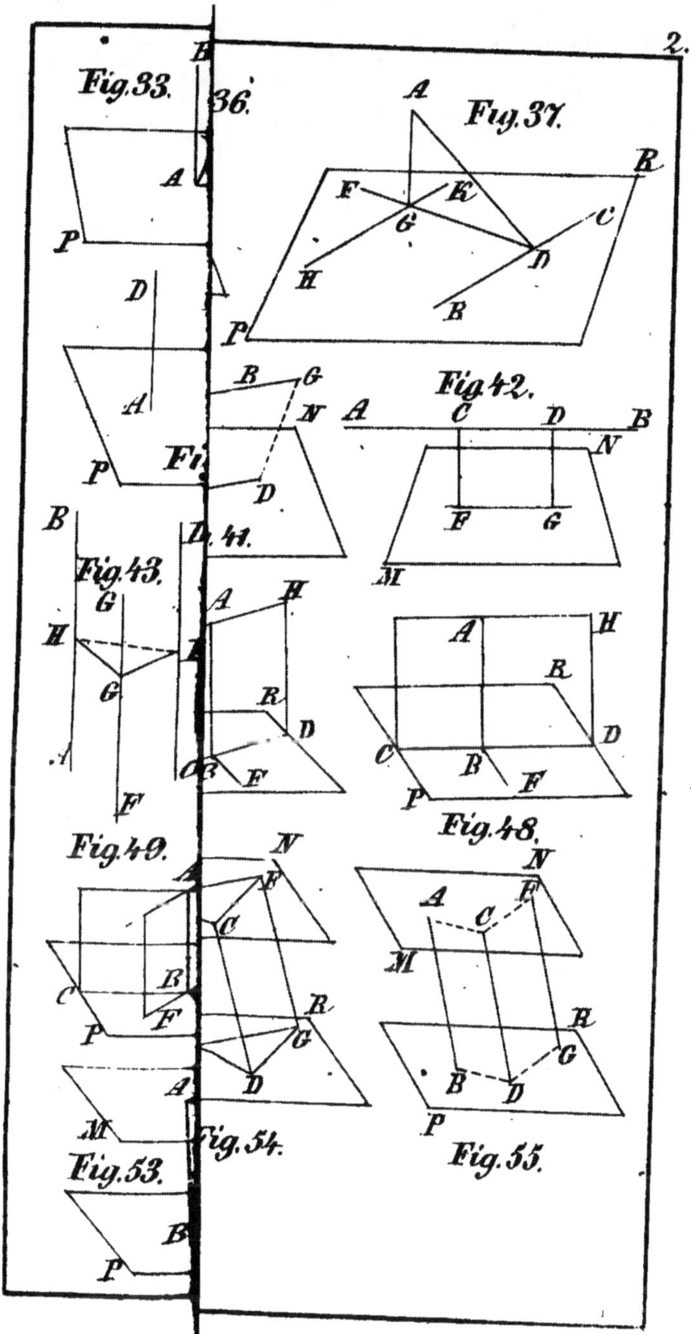
2.
Fig. 33.
36.
Fig. 37.
Fig. 42.
41.
Fig. 43.
Fig. 48.
Fig. 49.
Fig. 53.
Fig. 54.
Fig. 55.

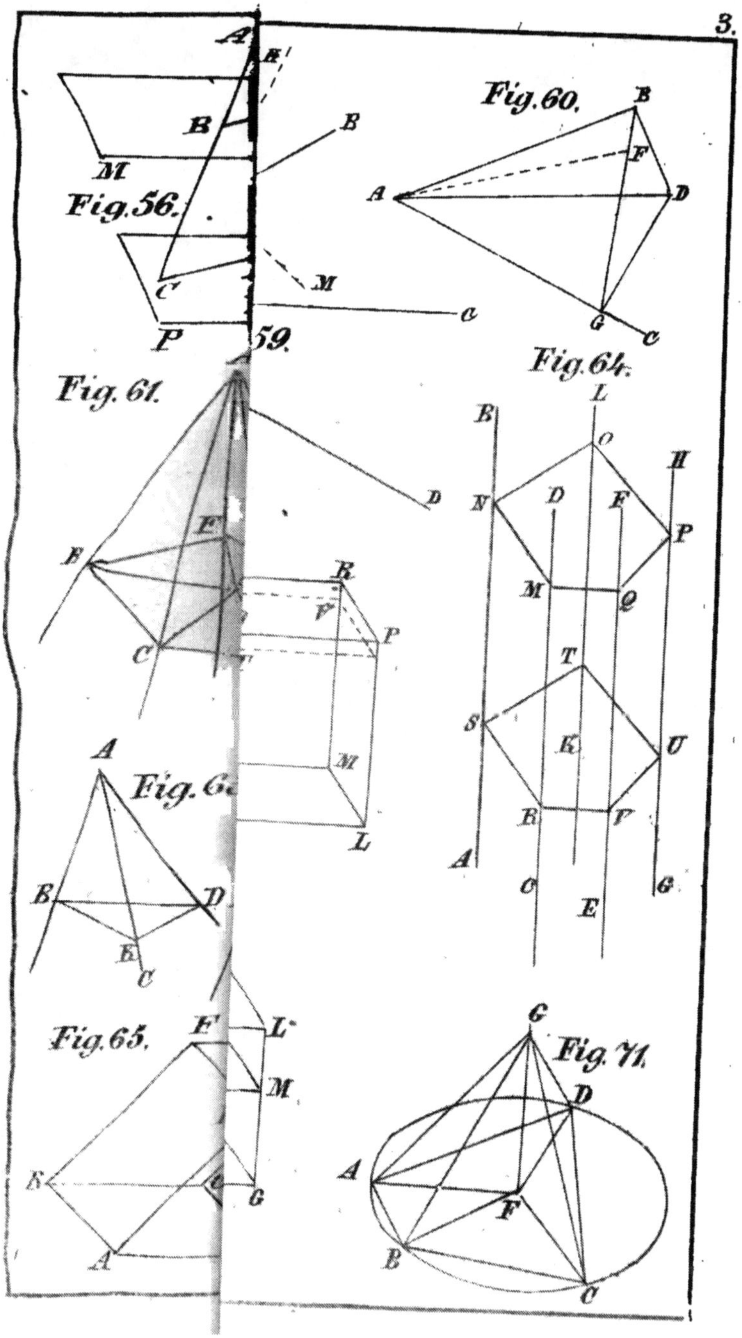
Fig.56.
59.
Fig.60.
Fig.61.
Fig.64.
Fig.65.
Fig.71.

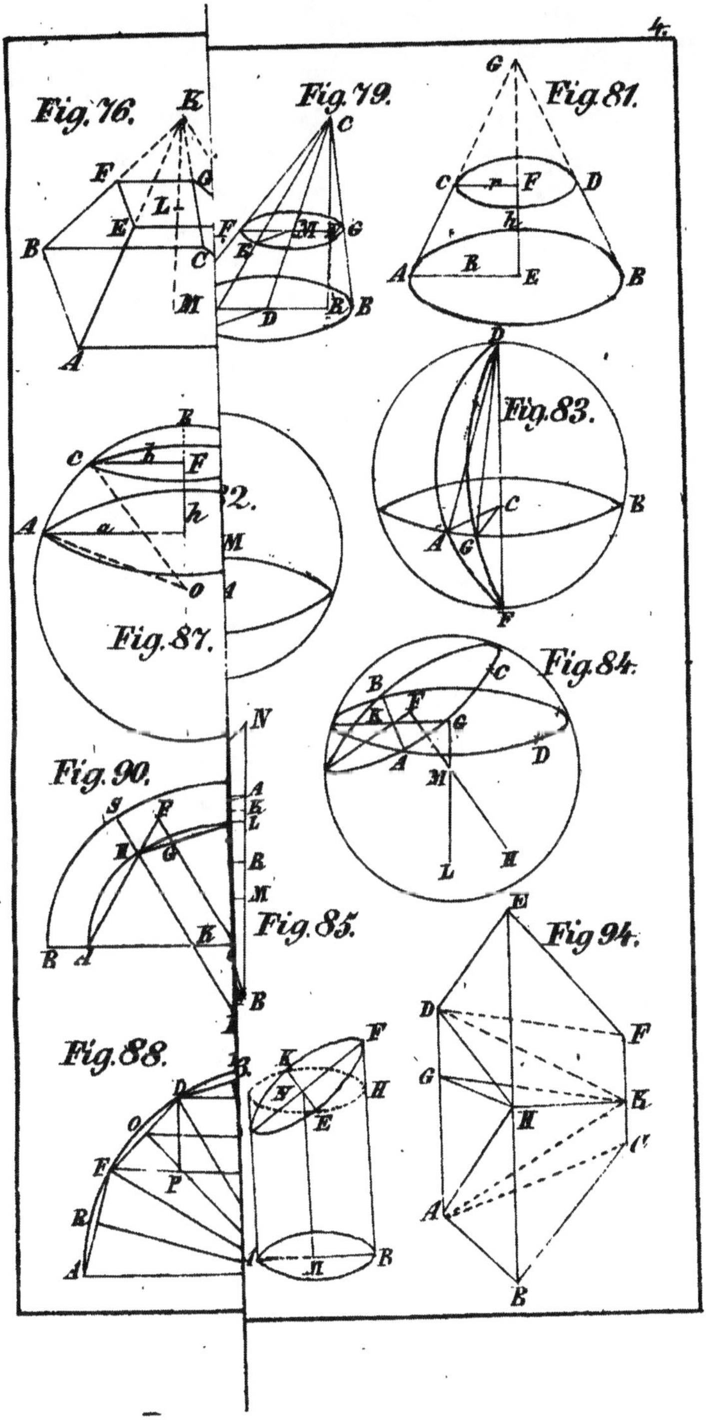
4.
Fig. 76.
Fig. 79.
Fig. 81.
Fig. 83.
Fig. 84.
Fig. 85.
Fig. 87.
Fig. 88.
Fig. 90.
Fig. 94.

www.ingramcontent.com/pod-product-compliance
Lightning Source LLC
LaVergne TN
LVHW021236061026
849535LV00008B/3075